Grabwespen

Illustrierter Katalog der einheimischen Arten

1. Auflage

Manfred Blösch

NBB Scout · Band 2
Westarp Wissenschaften · Hohenwarsleben · 2012

ISBN: 978-3-89432-257-1

Mit 200 Farbfotos von MANFRED BLÖSCH

Titelfotos: Großes Foto: *Cerceris ruficornis*; kleine Fotos (von oben nach unten): *Crabro cribrarius*, *Passaloecus corniger* mit Blattlaus, *Podalonia affinis* mit Raupe. Alle Fotos: MANFRED BLÖSCH.

https://www.neuebrehm.de

Lektorat: Dr. Günther Wannenmacher
Satz und Layout: Alf Zander
Druck und Bindung: Westarp & Partner Digitaldruck Hohenwarsleben UG

Vorwort und Dank

Das zunehmende Interesse an Naturbeobachtung und an der Makrofotografie hat eine Flut von z. T. ausgezeichneten Insektenbildern hervorgebracht, die in den Medien präsentiert werden. Vor allem das hochentwickelte Verhalten der beutejagenden Grabwespen hat bei Naturfreunden und Wissenschaftlern viele Freunde gefunden, die ihr Verhalten beobachten und dokumentieren. Oft ist es aber nicht leicht, die einzelnen Arten – vor allem im Freiland – richtig zu bestimmen. In den entsprechenden Naturführern werden meist nur die häufigen und auffallenden Arten mit charakteristischen Merkmalen dargestellt. Ähnliche oder verwandte Arten, die zu einer Verwechslung führen könnten, werden meist schon aus räumlichen Gründen nicht berücksichtigt oder weil entsprechendes Bildmaterial fehlt.
In diesem Buch werden neben den abgebildeten 137 Arten – davon 45 Arten in beiden Geschlechtern – in systematischer Auflistung auch die jeweiligen ähnlichen oder sehr seltenen Vertreter einer Gruppe aufgeführt und kurz charakterisiert – insgesamt 309 Arten. Dies ermöglicht dem Laien wie dem Erfahrenen einen schnellen Überblick über die gesamte Gruppe. Auf diese Weise ist ein »illustrierter Katalog der einheimischen Grabwespen« entstanden, der aber keineswegs den Anspruch auf Vollständigkeit erhebt. Immer wieder werden neue Arten festgestellt, die mit der Klimaerwärmung eingewandert sind, mit dem Warenverkehr verschleppt wurden oder nach neuen Erkenntnissen als eigene Spezies beschrieben wurden. Einige Arten, die im 19. Jahrhundert nachgewiesen worden sind, gelten derzeit bei uns als ausgestorben oder verschollen und werden hier nur aufgeführt, wenn mit ihrem Vorkommen in den Nachbarländern Österreich und Schweiz noch zu rechnen ist.
Nach Schmid-Egger (2010) sind aus Deutschland 263 Grabwespenarten bekannt, von denen aber 17 Arten hier als ausgestorben gelten. Somit ist derzeit in Deutschland mit 246 Arten zu rechnen. Einige davon sind zudem extrem selten oder ihre Verbreitung ist auf nur wenige Orte eng begrenzt. Andere sind durch ihre geringe Größe von wenigen Millimetern oder durch ihre versteckte Lebensweise leicht zu übersehen.
Für Österreich werden von Dollfuss (1991), Zettel (2000, 2008) u. a. aktuell 272 Arten angegeben und aus der Schweiz sind nach De Beaumont (1964) und Amiet (in lit.) 242 Arten bekannt, von denen aber ebenfalls einige ältere Nachweise aus der aktuellen Liste zu streichen sind.

Im Zusammenhang mit ihrer Fortpflanzung haben Grabwespen, neben einem z. T. komplizierten Präkopulationsverhalten verschiedene Grabtechniken beim Nestbau, unterschiedliche Jagdmethoden und Formen des Beutetransports, des Nestverschließens, der Abwehr von Parasitoiden sowie der Orientierung, ein hoch differenziertes Verhaltenssystem entwickelt, das unter den Insekten einmalig ist. Somit bieten die Grabwespen neben der faunistisch-geografischen Forschung vor allem dem Beobachter ihres Verhaltens ein reiches und lohnendes Betätigungsfeld. Zusammenfassende Darstellungen des Verhaltens von Grabwespen finden sich u. a. bei. Bitsch et al. (1993, 1997, 2001), Blösch (2000) sowie Bohart & Menke (1976).
Die Verbreitung der einzelnen Arten kann in dieser Übersicht nur sehr pauschal abgehandelt werden. Die Nennung von Einzelnachweisen würde den Umfang und die Lesbarkeit der vorliegenden Auflistung weit überfordern. Ausführliche Artenlisten der Grabwespen Deutschlands geben Ohl (2001), Dathe, Taeger & Blank (2001) Schmid-Egger (2010), Schmidt & Schmid-Egger (1997). Für einzelne Bundesländer wurden ebenfalls Faunenlisten erarbeitet, so für Schleswig-Holstein (Van der Smissen 1998, 2001), Niedersachsen (Theunert 1994), Mecklenburg-Vorpommern (Jacobs 2001), Brandenburg (Burger, Saure & Oelke 1998), Nordrhein-Westfalen (Kuhlmann 1993, Woydak 1996) Thüringen (Burger 2005), Rheinland-Pfalz (Schmid-Egger, Riesch & Niehuis 1995), Hessen (Tischendorf, Frommer & Flügel 2011), Bayern (Mandery et al. 2003) und Baden-Württemberg (Schmidt 1979, 1980, 1981, 1984).
Mit Hilfe dieses Buches kann der Naturfreund etwa 10 % der abgebildeten Grabwespen im Freiland bis zur Art bestimmen, die meisten jedoch zumindest bis zur Gattung.
Zum wissenschaftlichen Arbeiten kann der bebilderte Katalog den Gebrauch eines einschlägigen Bestimmungsschlüssels natürlich nicht ersetzen. Hier sei auf einige neuere Schlüssel verwiesen, die z. T. auch südländische Spezies einbeziehen: Bitsch et al. (1993, 1997, 2001), Dollfuss (1991) sowie Jacobs (2007).

Für das Zustandekommen des vorliegenden Buches mit seiner großzügigen Bebilderung danke ich herzlich dem Westarp-Verlag, vor allem Herrn Dr. Günther Wannenmacher für seine kompetente Betreuung. Ferner danke ich Herrn Dr. Manfred Kraus, Nürnberg, für die Erlaubnis, Fotos von einigen Exemplaren aus der Sammlung von Dr. Enslin anzufertigen, sowie Dr. Mike Herrmann, Konstanz, und Dr. Michael Ohl, Berlin, für wertvolle Literaturhinweise und Ratschläge, sowie allen Ungenannten, die durch ihre Beobachtungen und Mitteilungen zur Kenntnis der Grabwespen beigetragen haben.

Inhaltsverzeichnis

	Vorwort und Dank	**5**
1	**Einführung**	**8**
1.1	Körperbau	11
1.2	Glossar	13
2	**Zum Umgang mit Grabwespen**	**14**
3	**Illustrierter Artenkatalog**	**16**
4	**Literaturverzeichnis**	**212**
5	**Artenregister**	**216**

1 Einführung

Grabwespen bilden drei Insektenfamilien in der großen Ordnung der Hautflügler, der so unterschiedliche Formen wie Ameisen und Bienen, Schlupf-, Gall- und Erzwespen sowie Blatt-, Falten- und Goldwespen und weitere kleinere Familien angehören. Mit den Bienen haben Grabwespen zahlreiche morphologische und biologische Gemeinsamkeiten, daher wurden die beiden Gruppen in der Überfamilie Apoidea (Bienenartige) zusammengefasst.

Viele Grabwespenarten sind schwarz gefärbt, bei einigen sind die ersten Segmente des Hinterleibs rot oder sie besitzen gelbe oder weißliche Zeichnungen. Manche Grabwespen mögen mit ihrer schwarz-gelben Bänderung den eigentlichen Wespen (Vespoidea) gleichen, doch tragen sie ihre beiden Flügelpaare in der Ruhe niemals wie die »echten« Wespen auf dem Rücken längs gefaltet, sie besitzen auch keine gefiederten Haare wie die Bienen.

Die deutlichsten Unterschiede zu den Bienen finden sich jedoch in der Brutfürsorge bzw. Brutpflege. Wie die einzeln lebenden Bienen errichten die Weibchen der Grabwespen Larvenkammern in der Erde oder überirdisch in geeigneten Hohlräumen. Diese werden aber nicht wie bei den Bienen mit Pollen und Nektar, sondern je nach Art mit den verschiedensten Insekten oder deren Larven sowie mit Spinnen als Larvennahrung versorgt. Die Beutetiere werden durch einen oder mehrere Stiche, meist in die weichen Gelenkhäute der Beinansätze, durch das Wespengift paralysiert und anschließend in die vorbereitete Larvenkammer transportiert. Hierzu wurden ganz unterschiedliche Tragetechniken entwickelt wobei die Beute entweder nur mit den Kiefern (Mandibeln), mit den Mittelbeinen, Bauch an Bauch, in einigen Fällen auch Rücken an Bauch, gehalten, oder am Hinterleibsende, am Stachel befestigt, zum Nest gebracht werden. Der Transport kann fliegend, bei größeren Beutetieren auch zu Fuß, über weite Strecken erfolgen. Nach der Verproviantierung und Eiablage wird die Brutkammer verschlossen und die aus dem einzigen Ei schlüpfende Wespenlarve verzehrt allmählich die noch lebenden, paralysierten Beutetiere. Nach einer Ruhephase folgt die Verpuppung und das Schlüpfen der jungen Grabwespe, entweder noch im gleichen Sommer (2. Generation) oder erst im folgenden Jahr.

Nach der Art, wie die Nester angelegt werden, unterscheidet

man die unterirdische (endogäische) Nestanlage und oberirdische (hypergäische) Nester, die im morschen Holz oder im weichen Mark von Pflanzenstängeln genagt werden, oder es werden von einigen Arten auch hohle Pflanzenstängel wie Stroh- und Schilfhalme, oder die verlassenen Bauten von anderen Hautflüglern besiedelt. Allein die vor allem im Süden verbreitete Gattung *Sceliphron* errichtet aus feuchter Erde freistehende Nester, häufig an Mauern, zum Teil auch im Inneren von Gebäuden. Das Graben der Nester – von dieser Bezeichnung leitet sich ja der deutsche Name »Grabwespen« ab – erfolgt zum Teil mit den Kiefern, zum Teil aber auch durch synchrone, scharrende Bewegungen der meist mit Borsten bewehrten Vorderbeine.

Einige unserer Grabwespen (*Bembix rostrata, Bembecinus tridens, Ammophila pubescens*) betreiben eine Art Brutpflege, indem sie das Nest nach dem Schlüpfen der Larve noch mehrmals wieder aufsuchen und diese mit frischer Nahrung versorgen. Die Weibchen der Gattungen *Nysson* und *Brachystegus* errichten keine eigenen Nester, sie legen nach Art der Kuckucke ihr Ei in die Brutkammern anderer, meist mit ihnen verwandter Grabwespen der Gattungen *Gorytes* und *Harpactus*.

Ausführlichere, zusammenfassende Informationen zur Biologie von Grabwespen finden sich u. a. bei Bitsch et al. (1993, 1997, 2001), Blösch (2000), Bohart & Menke (1976).

Das Hauptverbreitungsgebiet der Grabwespen in der Paläarktis liegt in den wärmeren Zonen südlich der Alpen, vor allem im Mittelmeergebiet. Viele Arten erreichen bei uns die nördliche Grenze ihrer Verbreitung. Sie leben hier vornehmlich in den klimatisch begünstigten Regionen und sind gegenüber Klimaschwankungen sehr anfällig.

Als wärmeliebende Tiere bevorzugen sie meist trockenwarme Habitate. Ihre Hauptaktivitätszeit liegt in den sonnigen Vormittagsstunden. Nur wenige Grabwespen sind bis in den Abend hinein aktiv oder besiedeln auch feuchte und kühlere Orte.

Einige Arten die z. B. im 19. Jahrhundert zahlreich waren, werden heute nicht mehr bei uns angetroffen, oder sie erscheinen manchmal erst nach Jahrzehnten der Abwesenheit wieder.

Durch Einwanderung oder durch den zufälligen Import ihrer Nester werden immer wieder fremde Arten festgestellt, die sich in der Region halten oder ausbreiten können. Beispiele aus jüngerer Zeit sind hierzu die durch ihre Größe auffallenden, spinnenjagenden Mauerwespen, wie z. B. die ostasiatische *Sceliphron curvatum* (F. Smith, 1870) die sich seit 1979 von Österreich über die

Nachbarländer ausbreitet (GEPP & BREGANT 1986, DOLLFUSS 1987, ZETTEL 2000, GEPP 2003, HERRMANN 2005, SCHMID-EGGER 2005), die ursprünglich nordamerikanische *Sceliphron caementarium* (DRURY, 1773) (BOGUSCH & MACEC 2005, MADER 2000), die südeuropäische *Sceliphron destillatorium* (ILLIGER, 1807) (ZETTEL 2000, STALLING 2002) oder der mittelamerikanische Heuschreckenjäger *Isodontia mexicana* (SAUSSURE, 1867), der seit etwa 1980 von Südfrankreich über die Schweiz (ARTMANN-GRAF 2006, SCHMID-EGGER & SCHMIDT 1994) nach Norden bis zu uns vordringt (VERNIER 1995, WESTRICH 1998, 2007, RENNWALD 2005).

Die folgende Tabelle gibt einen Überblick über die systematische Einordnung der Grabwespen innerhalb der Hautflügler nach MELO (1999), MENKE (1997) und ihre Unterteilung in Familien und Unterfamilien nach PULAWSKI (2011).

Ordnung Hymenoptera:

U.O. Symphyta (Pflanzenwespen)
U.O. Terebrantes (Schlupf-, Erz-, Gallwespen u. a.)
U.O. Aculeta (Stechimmen)

Aculeata:

Chrysidoidea: Goldwespen (Chrysididae)
Apoidea: Grabwespen (Spheciformes) und Bienen (Apiformes)
Vespoidea: Ameisenwespen (Mutillidae), Ameisen (Formicidae), Wegwespen (Pompilidae), Lehmwespen (Eumenidae), Faltenwespen (Vespidae) u. a.

Spheciformes:

Familie Ampulicidae
- U. Fam. Ampulicinae
- U. Fam. Dolichurinae

Familie Sphecidae
- U. Fam. Ammophilinae
- U. Fam. Sceliphrinae
- U. Fam. Sphecinae

Familie Crabronidae
- U. Fam. Astatinae
- U. Fam. Bembicinae
- U. Fam. Crabroninae
- U. Fam. Dinetinae
- U. Fam. Mellininae
- U. Fam. Pemphredoninae
- U. Fam. Philanthinae

1.1 Körperbau

Der Körper der Grabwespen gliedert sich deutlich in die drei Abschnitte Kopf, Brust (Thorax) und Hinterleib (Abdomen). Die Geschlechter unterscheiden sich durch die Anzahl der Fühlerglieder und die Zahl der sichtbaren Hinterleibsegmente. Die Männchen besitzen meist 13 Fühlerglieder, die Weibchen nur 12. Ausnahmen bilden die Männchen der Gattungen *Ectemnius* und *Lestica*, sie haben wie die Weibchen nur 12 Glieder. Neben der meist sehr kurzen Körperbehaarung fallen besonders bei den Männchen einiger Arten kleinere Bereiche mit silbern oder golden glänzenden Haarflecken vor allem auf dem Kopfschild (Clypeus) oder an den Segmenten des Hinterleibs auf. Auf dem Scheitel befinden sich neben den beiden großen Netzaugen drei kleine Punktaugen oder Ocellen.

Die Körperoberfläche ist stark sklerotisiert (gehärtet) und weist meist eine feine oder gröbere Punktierung oder Runzelung auf.

Dem Brustabschnitt entspringen drei Beinpaare und zwei Flügelpaare. Die Oberseite des Thorax besteht aus den Abschnitten Collare, dem gewölbten dorsalen Abschnitt des Pronotums, dem Rückenschild (Mesonotum), dem Schildchen (Scutellum), dem Hinterschildchen (Postscutellum oder Metanotum) und dem Dorsalfeld des Mittelsegments (Propodeum). Das Propodeum wird vom ersten Hinterleibsegment gebildet, das mit dem Thorax fest verbunden ist.

Der Hinterleib (Abdomen) der Männchen weist – abgesehen von den Ampulicinae – sieben sichtbare Segmente auf, bei den Weibchen sind es nur sechs. Das erste Segment ist bei manchen Arten stielförmig verlängert (Petiolus). Der Stiel kann am Ende knotenförmig verdickt sein. Die Segmente bestehen aus der Rückenplatte (Tergit) und der Bauchplatte (Sternit). Das letzte Tergum trägt bei einigen Arten am Ende eine, meist durch Kiele begrenzte, abgeflachte Vertiefung, das Pygidialfeld.

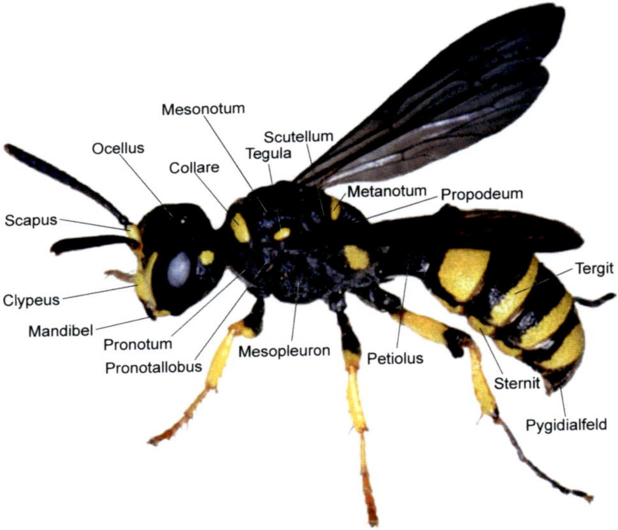

Mesonotum
Scutellum
Ocellus
Tegula
Collare
Metanotum
Propodeum
Scapus
Tergit
Clypeus
Mandibel
Pronotum
Pronotallobus
Mesopleuron
Petiolus
Sternit
Pygidialfeld

Submarginalzellen (1, 2, 3)
Marginalzelle
1
2
3
D1
1
D2
2
Rücklaufende Ader (1, 2)
Submedianzelle
Discoidalzellen (D1, D2)
Medianzelle
Medialader

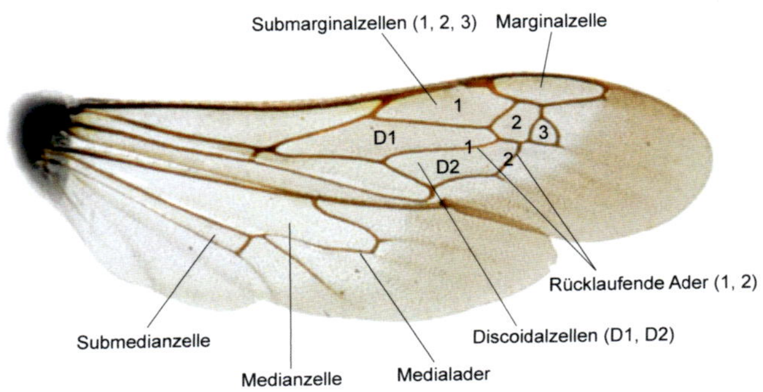

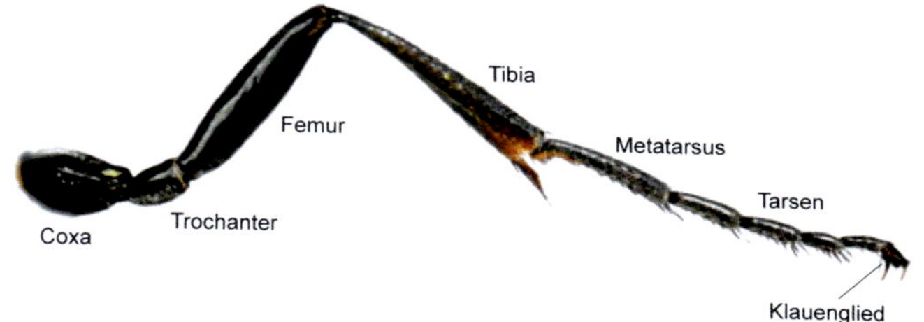

1.2 Glossar

Abdomen: Hinterleib, ab der Wespentaille

apical: zur Spitze hin

boreoalpin: Vorkommen in nordischen Breiten bzw. im Gebirge

Collare: hinterer, gewölbter Teil des Pronotums

endogäisch: unterirdisch

euryök: mit großem ökologischem Anpassungsvermögen

holarktisch: auf der nördlichen Erdhalbkugel verbreitet

Labrum: Oberlippe, Plättchen unterhalb des Clypeus

median: in der Mitte

Metanotum: Hinterschildchen

Metatarsus: 1. Tarsalglied (Tarsomer)

Parasitoide: leben im Lauf ihrer Entwicklung parasitisch, ihr Parasitismus führt aber zum Tod des Wirtes

Paläarktis: Eurasien und Nordafrika bis zum Südrand der Sahara und Himalaja

Parapsidenfurche: Längsvertiefungen an den Seiten des Mesonotums

Pronotum: oberer Teil des Prothorax (vorderes Segment der Brust)

Prothorax: siehe Pronotum

Rubus: Brombeere

Sambucus: Holunder

Scutellum: Schildchen

Synonym: gleichnamig

Tarsenkamm: meist kräftige, lange Borsten an den Tarsen der Vorderbeine vor allem der Weibchen (seltener auch der Männchen) bei erdbewohnenden Arten; sie erleichtern das Graben

Tegulae: Flügelschuppen, überdecken die Flügelbasis

Trapnester: meist vorgebohrte Hölzer zum Fang von dort nistenden Insekten

Tyloid: längliches Sinnesorgan an einzelnen Fühlergliedern der Männchen

Vertex: Scheitel

2 Zum Umgang mit Grabwespen

Der Namensteil »...wespen« mag bei einigen Personen zunächst unangenehme Erinnerungen an die oftmals als lästig oder bedrohlich empfundenen Namensvettern, die schwarz-gelben Faltenwespen, hervorrufen. Diese Abneigung ist aber gegenüber den Grabwespen völlig unbegründet. Zwar können die Weibchen bei Bedrohung ebenso ihren Giftstachel einsetzen, der aber in den meisten Fällen die menschliche Haut nicht zu durchdringen vermag. In den wenigen Fällen, in denen sie sich beim Ergreifen doch einmal mit ihrem Stachel zur Wehr setzen und stechen, hält der Schmerz immer nur kurze Zeit an und hat keine weiteren Folgen.

Grabwespen suchen nicht die Nähe des Menschen, sie weichen ihm vielmehr nach Möglichkeit aus, selbst in der Nähe ihrer Nester.

Zur näheren Betrachtung der überwiegend nur wenige Millimeter kleinen Tiere sollte man sie dennoch am besten nach dem Fang mit einem Käscher in einem kleinen Schnappdeckel-Gläschen mit der Lupe beobachten, nachdem sie sich dort etwas beruhigt haben. Kurze Aufbewahrung im Kühlschrank führt hierbei meist schneller zum Ziel. Das Töten der Tiere mit Essigäther, sollte nur zur genauen Bestimmung und anschließenden Präparation und Aufbewahrung zur Dokumentation vorgenommen werden.

Viele Grabwespenarten gelten als vom Aussterben bedroht oder gefährdet und werden in den Roten Listen aufgeführt. Zum Fangen und Töten dieser besonders geschützten Tiere zu Forschungszwecken ist eine behördliche Ausnahmegenehmigung erforderlich, die von der zuständigen Oberen Naturschutzbehörde bei ausreichender Begründung erteilt wird.

Zum Schutz und zur Ansiedlung von Grabwespen und Wildbienen ist in erster Linie die Erhaltung und Verbesserung ihrer Nistplätze wirksam. Dies kann durch Pflegemaßnahmen großflächiger Sand- und Dünengebiete oder gut besonnter Böschungen erfolgen, die vor der Verbuschung und Beschattung durch aufwachsende Bäume freizuhalten sind. Aber auch die Schaffung und Erhaltung kleiner geeigneter Nistareale im Hausgarten durch vegetationsfreie sandige oder lehmige Stellen, eine üppige Bepflanzung mit verschiedenen, als Nahrungsquelle geeigneten Blütenpflanzen, insbesondere von Doldengewächsen und Kompositen, sind hilfreich. Einige Arten graben ihre Nestgänge gerne im Mark von angeschnittenen dürren Rosenzweigen oder Brombeerranken, die man nicht gleich entfernen sollte. Einige Arten besiedeln auch gerne künstliche Nisthilfen aus angebohrtem Holz und ausgelegten Schilf- und Strohhalmen. Im Handel sind hierzu bereits vorbereitete, sogenannte Insektenhotels erhältlich, die man aber auch leicht selbst herstellen kann. An solchen Niststätten lassen sich Grabwespen wie Wildbienen sehr gut bei der Versorgung ihrer Larvenkammern beobachten: Wildbienen beim Eintragen von Blütenpollen und Grabwespen, wie u.a. die kleinen *Passaloecus*- und *Pemphredon*-Arten mit ihren erbeuteten Blattläusen.

Eine Nistwand für Bienen und Wespen der Naturschutzgemeinschaft Erlangen e. V.

3 Illustrierter Artenkatalog

Familie **Ampulicidae** Shuckard, 1840
Unterfamilie **Ampulicinae** Shuckard, 1840
Tribus Ampulicini Shuckard, 1840
Gattung ***Ampulex*** Jurine, 1807

Die vorwiegend tropische Gattung ist in Mitteleuropa nur durch eine Art vertreten. Der Prothorax ist auffallend halsartig verlängert. Es sind zwei Submarginalzellen vorhanden.

Ampulex fasciata Jurine, 1807

Kennzeichen: Der Körper ist schwarz, langgestreckt, sehr fein punktiert, glatt und glänzend. Die Tiere wirken daher ameisenähnlich. Die Fühler sind lang und fadenförmig, die Fühlerwurzeln werden von einer Stirnleiste überragt. Beim Weibchen sind die Endsegmente des Abdomens seitlich komprimiert. Im Vorderflügel sind zwei Submarginalzellen vorhanden.

Größe: ♀ 6-8 mm, ♂ 5,5-7,5 mm

Flugzeit: Juni bis August.

Verbreitung: Zentral- und Südeuropa. Vor allem in »Wärmeinseln« in Frankreich, Norditalien, Österreich, Süddeutschland, Ungarn, Moldawien.

Lebensraum: Die Art bevorzugt offenbar warme, windgeschützte Waldränder der Mittelgebirge in Höhen über 350-1000 m. Hier hält sie sich vor allem an den Stämmen von älteren Kiefern und in den Baumkronen auf.

Lebensweise: Die Wespen laufen bei der Jagd nach Schaben (*Ectobius*, Blattariae) eilig, mit wegwespenartigen Bewegungen an Baumstämmen empor und fliegen aus einer Höhe von mehreren Metern wieder den Fuß eines anderen Stammes an. Sie nisten vermutlich in Hohlräumen der Borke und in Käferfraßgängen. Durch den für Grabwespen untypischen Lebensraum und ihr unauffälliges Verhalten wurde die Wespe bisher nur sehr selten beobachtet.

Ampulex fasciata ♀

Ampulex fasciata ♀

Unterfamilie **Dolichurinae** DAHLBOM, 1842
Tribus Dolichurini DAHLBOM, 1842
Gattung ***Dolichurus*** LATREILLE, 1809

Die Arten dieser Gattung sind an der auffallenden, die Fühlerwurzeln dachartig überragenden Stirnplatte leicht zu erkennen. Im Vorderflügel sind drei Submarginalzellen vorhanden.

Dolichurus corniculus (SPINOLA, 1808)

Kennzeichen: Der Körper ist schwarz, der Hinterleib ist stark glänzend, der Prothorax ist leicht verlängert. Die Fühler sind lang, fadenförmig. Beim ♂ sind die letzten vier Abdominaltergite größtenteils unter dem dritten Tergum verborgen.

Größe: ♀ 6-8 mm, ♂ 5,5-6,5 mm

Flugzeit: Mai bis September.

Verbreitung: Nordafrika, Europa bis Finnland (65° n. Br.).

Lebensraum: Warme, sandige Böschungen und Waldränder. Bevorzugt Sandbiotope im Hügelland.

Lebensweise: Abweichend von den meisten Grabwespen gräbt das Weibchen keinen eigenen Bau, sondern trägt ihre Beute, eine einzige Waldschabe (*Ectobius*), in einen geeigneten Hohlraum in der Borke, im Holz abgestorbener Bäume oder in der Erde ein. Atypisch für Grabwespen ist auch, dass das Weibchen zuerst auf die Jagd geht und erst nachdem es Beute gemacht hat, nach einem geeigneten Nistort sucht. Nach der Ablage des Eies zwischen die Hüften I und II der Schabe wird die Kammer sorgfältig verschlossen, um ein Entweichen der nur leicht paralysierten Beute zu verhindern. Die Wespen ernähren sich von Honigtau. Sie bewegen sich am Boden und auf Blättern äußerst flink und wirken dadurch wie Wegwespen (Pompilidae).

Weitere Art:

Dolichurus bicolor LEPELETIER, 1845. Die Hinterleibsbasis der sehr seltenen, nur in Frankreich, der Schweiz und Baden-Württemberg in wenigen Exemplaren gefundenen Art ist rot gefärbt.

Dolichurus corniculus ♀

Dolichurus corniculus ♂

Familie **Sphecidae** Latreille, 1802
Unterfamilie **Sceliphrinae** Ashmead, 1899
Tribus Sceliphrini Ashmead, 1899
Gattung ***Chalybion*** Dahlbom, 1843

Große, blau-metallisch glänzende Grabwespen mit langem Petiolus. Beide rücklaufende Adern münden in die Submarginalzelle II. Die Dorsalfläche des Propodeums wird nicht durch eine Furche begrenzt. Die Fühlerglieder III und IV sind im Unterschied zur sehr ähnlichen Gattung *Sceliphron* gleich lang.

Chalybion (Hemichalybion) femoratum (Fabricius, 1782)

Kennzeichen: Die Färbung ist dunkelblau mit metallischem Schimmer. Der Petiolus ist deutlich kürzer als der Basitarsus der Hinterbeine. Die Flügel sind grau, beim Weibchen gelblich. Die Hinterfemora sind in unterschiedlicher Ausdehnung rotbraun.

Größe: ♀ 15-19 mm, ♂ 13-17 mm

Verbreitung: West-und Zentralasien, Mittelmeergebiet vor allem in Spanien, Italien und Griechenland. Früher auch in der Süd-Schweiz (zuletzt 1936); einige Funde auch in Österreich (1981), Ungarn und der Slowakei.

Lebensraum: Vermutlich warme Standorte.

Lebensweise: Im Gegensatz zu *Sceliphron* sammeln *Chalybion*-Weibchen Schlamm für den Nestbau nicht an Pfützen, sondern befeuchten die Erde in der Nähe ihrer Nester mit herbeigetragenem Wasser. *Ch. femoratum* nistet gerne in alten Nestern von *Sceliphron* oder in Mauerritzen. Die Beutetiere sind Spinnen.

Abgebildet ist die ähnliche Art *Chalybion bengalense* (Dahlborn, 1845) aus Mauritius.

Chalybion bengalense (DAHLBORN, 1845) ♂

Chalybion bengalense (DAHLBORN, 1845) ♀

Gattung *Sceliphron* Klug, 1801

Große schwarze Grabwespen mit auffallender gelber Zeichnung und langem, gebogenen Petiolus und eiförmigem Hinterleib. Das U-förmige Dorsalfeld des Propodeums wird zumindest hinten von einer halbkreisförmigen Furche begrenzt. Das 3. Antennenglied ist deutlich länger als das 4.

Sceliphron curvatum (F. Smith, 1870)

Kennzeichen: Der deutlich gebogene Hinterleibsstiel ist schwarz, die Beine und die Hinterleibsbinden sind braunrot, wie einige Zeichnungselemente des Thorax. Der Clypeus des Weibchens trägt einen hellen Mittelfleck.

Größe: ♀ 17-20 mm, ♂ 13-16 mm

Verbreitung: Die »Orientalische Mauerwespe« wurde aus ihrer Heimat Nordindien und Nepal eingeschleppt. 1979 erstmals in der Steiermark gefunden, hat sie sich in Südost-, Süd- und Mitteleuropa rasch ausgebreitet, wo sie mittlerweile in 13 Ländern nachgewiesen wurde. Seit 2002 wird sie auch aus verschiedenen Städten in Deutschland, vor allem aus Baden-Württemberg, Bayern, Hessen, Nordrhein-Westfalen und Sachsen, gemeldet.

Sceliphron curvatum hat große Ähnlichkeit mit der im asiatischen Raum in mehreren Unterarten weit verbreiteten *Sceliphron deforme* (F. Smith, 1856) und kann nur anhand der im Schlüssel gegebenen Merkmale von dieser unterschieden werden (Schmid-Egger 2005).

Lebensweise: Die Weibchen nisten gerne in Wohnungen mitten in den Städten, wo sie ihre zylindrischen Lehmzellen in Fensterritzen, Vorhängen, Bücherregalen u. a. anbringen. Im Gegensatz zu anderen Arten werden die Zellen nicht mit einer Mörtelschicht überdeckt. Als Larvennahrung dienen kleine Spinnen.

Sceliphron curvatum ♀

Sceliphron curvatum ♀

Sceliphron caementarium (F. SMITH, 1870)

Kennzeichen: Der leicht gebogene, lange Petiolus ist meist ganz schwarz; gelb sind Scapus, Collare, Scutellum und Metanotum sowie Flecken auf den Tegulae, Mesopleuren, Propodeum, dem 1. Hinterleibsegment und an den Beinen. Die Ausdehnung der Gelbfärbung ist sehr variabel. Die Flügel sind gelbbraun verdunkelt.

Größe: ♀ 24-28 mm, ♂ 17-23 mm

Verbreitung: Von Nordamerika ausgehend, wurden weite Teile von Zentral- und Mittelamerika sowie Kanada, und weite Teile des atlantischen und pazifischen Raumes bis Australien und Japan besiedelt. 1942 erfolgte ein Erstfund für Europa in Tschechien. Am Mittelmeer ist sie von Portugal bis Zypern verbreitet, in Südfrankreich ist sie sehr häufig. Von hier aus findet vermutlich eine Ausbreitung über das Rhônetal in die Schweiz und an den Oberrhein statt. Die kälteresistente Art (MADER 2000) könnte sich hier dauerhaft etablieren.

Lebensweise: Die Lehmzellen werden an geschützen Stellen an Mauern, häufig an Wohnbauten angebracht. Ein Nest besteht aus bis zu 26 Zellen, die mit Spinnen verproviantiert werden.

Sceliphron destillatorium (ILLIGER, 1807)

Kennzeichen: ♀: Nur Scapus, Tegulae, das Metanotum, Petiolus und Teile der Beine sind gelb, die Thoraxbehaarung ist dunkel. ♂: Das Metanotum ist schwarz, die Gesichtsbehaarung ist silberweiß.

Größe: ♀ 22-30 mm, ♂ 15-25 mm

Flugzeit: Juli bis September

Verbreitung: Im gesamten Mittelmeergebiet, Zentralasien bis China. Einzelne Funde in Europa nördlich bis in die Schweiz (Tessin), Deutschland (Oberrhein), Österreich, Ungarn, Tschechien, Nordfrankreich. Fortpflanzungsversuche nördlich der Alpen werden aus Wien, der Schweiz, sowie aus Deutschland gemeldet (STALLING, 2002).

Lebensraum: Wie viele *Sceliphron*-Arten folgt auch *Sceliphron destillatorium* dem Menschen in den urbanen Bereich der Städte.

Lebensweise: Die Nester finden sich sowohl an Mauern, an Steinen als auch an Holzwänden im Inneren von Gebäuden wie Feldscheunen. Die Nester bestehen aus etwa 8 Brutzellen von etwa 7 mm Durchmesser. Sie werden mit zahlreichen Spinnen verproviantiert.

Weitere Art:

Sceliphron spirifex (LINNAEUS, 1758) Ähnlich *S. destillatorium*. Der Thorax ist aber vollständig schwarz, die Gesichtsbehaarung des Männchens ist dunkel. Die Art ist rund um das Mittelmeer verbreitet, hier ist sie stellenweise häufig. Nordwärts bis in die Südschweiz. Die Nester werden in Spalten im Mauerwerk, auch im Inneren von Gebäuden errichtet.

Sceliphron caementarium ♂

Sceliphron destillatorium ♀

Unterfamilie **Sphecinae** LATREILLE, 1802
Tribus Sphecini Latreille, 1802
Gattung ***Sphex*** LINNÉ, 1758

Die großen, robusten Wespen mit kurzem Hinterleibstiel ähneln sehr der folgenden Gattung *Podalonia*. Im Vorderflügel mündet die erste rücklaufende Ader jedoch in die Submarginalzelle 2, die zweite mündet in Submarginalzelle 3. (Bei *Podalonia* und *Ammophila* münden beide Adern in die zweite Submarginalzelle.) Das Propodeum besitzt seitlich eine deutliche Furche. Die Klauen sind zweizähnig.

Sphex funerarius GUSSAKOWSKIJ, 1934 (*Sphex rufocinctus* BRULLÉ, 1833)

Kennzeichen: Eine große, robuste Art mit kurzem Hinterleibstiel, roter Abdomenbasis und langer, gelblichweißer Behaarung. Die Beine der Weibchen sind teilweise rot.

Größe: ♀ + ♂ 18-25mm

Flugzeit: Juli bis August

Verbreitung: Vom Mediterrangebiet nördlich bis Deutschland und inselartig in Nordeuropa. Die Art kommt überall nur an wenigen, klimatisch begünstigten Orten vor. Der Bestand ist stark fluktuierend. Nach jahrelanger völliger Abwesenheit können sich lokal in kurzer Zeit wieder große Bestände entwickeln.

Lebensraum: Trockene, warme Sandbiotope und Magerrasenflächen.

Lebensweise: Mehrere Weibchen nisten oft in enger Nachbarschaft im sandigen oder auch festen Boden. Das Nest besteht aus einer oder mehreren Zellen in 10-15 cm Tiefe. In jede Zelle werden 3-5 Laubheuschrecken (Tettigoniidae), Beißschrecken (Decticinae), Feldgrillen (*Gryllus campestris*) oder seltener Feldheuschrecken (Acrididae) eingetragen. Beim Graben und bei Störung bei der Nahrungssuche sind häufig tiefe, sägeartige Zirplaute zu hören. Die Wespen besuchen Blüten von *Thymus*, *Jasione*, *Armeria* u. a.

Sphex funerarius ♀

Sphex funerarius ♂

Gattung *Isodontia* Patton, 1880

Große, dunkel gefärbte Grabwespen mit langem Hinterleibsstiel (Petiolus). Im Gegensatz zu *Sphex* fehlt bei *Isodontia* seitlich am Propodeum eine deutliche Furche. Die Submarginalzelle II ist breiter als hoch und nahezu rechteckig.

Isodontia mexicana (Saussure, 1867)

Kennzeichen: Der leicht gebogene Petiolus ist ebenso lang wie die Tibia der Vorderbeine. Körper und Beine sind vollständig schwarz, manchmal mit schiefergrauem Glanz. Die Behaarung von Thorax und Kopf ist silberweiß, außer den lang abstehenden schwarzen Haaren auf dem Clypeus und der Unterseite der Stirn. Die Flügel sind stark verdunkelt.

Größe: ♀ + ♂ 15-18 mm

Verbreitung: Ursprünglich in Mexiko und Zentralamerika beheimatet, wurde die Art erstmals 1960 in Südfrankreich festgestellt. Hier ist sie heute recht häufig und breitet sich nordwärts bis Kroatien und Österreich sowie über das Rhônetal in die Schweiz und nach Deutschland aus, wo sie erstmals 1998 bei Tübingen (Westrich 1998) und 2003 bei Kehl am Oberrhein festgestellt wurde (Rennwald 2005).

Lebensweise: Die Art nistet nicht in der Erde, sondern vor allem in hohlen Zweigen oder eingerollten Blättern verschiedener Pflanzen, sogar in offenen Stahlrohren im urbanen Bereich. Die Linienbauten bestehen meist aus 6-8 Zellen, die durch zerkautes Pflanzenmaterial getrennt sind. Sie werden mit Laubheuschrecken (Tettigoniidae) sowie mit Grillen (Gryllidae) versorgt.

Isodontia mexicana ♂

Isodontia mexicana ♂

Tribus Prionychini Bohart & Menke, 1963
Gattung ***Prionyx*** Vander Linden, 1637

Die 2. Submarginalzelle ist höher als breit. Der große Sporn der Hintertibien hat neben den feinen auch kräftige, abstehende basale Dornen.

Prionyx kirbii (Vander Linden, 1827)

Kennzeichen: Durch die meist ausgeprägte gelb-weiße Bänderung des rot-schwarzen Hinterleibs, den leicht gebogenen Petiolus und die starken Grabborsten an den Vorderbeinen der Weibchen ist die Art gut gekennzeichnet.

Größe: ♀ + ♂ 13-18 mm

Verbreitung: Von 6 südeuropäischen Arten dringt *Prionyx kirbii* am weitesten nach Norden vor. In der Schweiz ist sie seit mehr als 60 Jahren, in Österreich ab etwa 1990 bekannt. Außerdem wurde sie in der Tschechoslowakei, Ungarn, Rumänien und Bulgarien gefunden.

Lebensraum: Trockene, warme Sandgebiete.

Lebensweise: *Prionyx*-Arten verbringen die Nacht frei in der Vegetation, den Kopf nach unten, an Halmen festgebissen. Die Weibchen graben im Sandboden kurze, steile Gänge, die in einer waagrechten Kammer von etwa 30 mm Durchmesser enden. Sie werden mit 1-4 Feldheuschrecken (Acrididae) verproviantiert. Nach der Eiablage wird der Nestgang mit kleinen Steinchen sorgfältig verschlossen und mit Sand zugescharrt.

Prionyx kirbii ♀

Prionyx kirbii ♀

Unterfamilie **Ammophilinae** André, 1886
Gattung ***Podalonia*** Fernald, 1927 – **Kurzstielsandwespen**

Kurzstielsandwespen sind kräftig gebaute schwarze Grabwespen mit kurzem Hinterleibstiel und roter Abdomenbasis. Beide rücklaufende Adern münden in die Submarginalzelle II. Der Thorax besitzt keine weißen Filzflecken. Der Clypeus der Männchen ist silbrig behaart.

Podalonia affinis (Kirby, 1798)

Kennzeichen: Kopf und Thorax sind abstehend schwarz behaart und matt. Das Dorsalfeld des Propodeums und der Petiolus sind unbehaart. Das erste Abdominaltergit ist an der Basis schwarz, Tergit II ist ganz rot, Tergit III ist größtenteils rot.

Größe: ♀ 15-18 mm , ♂ 13-15 mm

Flugzeit: Mai bis Oktober

Verbreitung: Nordafrika, Europa, von der Mediterranregion bis Finnland und Norwegen, Zentralasien, China und Korea.

Lebensraum: Sandgebiete, xerotherme Waldränder, Trockenrasen, sandige Feldwege.

Lebensweise: Abweichend von den meisten Grabwespen gräbt das Weibchen in 10-15 cm Tiefe eine Larvenkammer in der Regel erst nachdem es eine große, haarlose Eulenraupe (Noctuidae) erbeutet und durch zahlreiche Stiche in die Bauchseite paralysiert und anschließend in der Vegetation deponiert hat. Nach der Fertigstellung des Nestes wird die Raupe eingetragen und das Nest mit Sand verschlossen. Hierbei wird das Material immer wieder mittels Kopfstößen verdichtet. Gelegentlich hält die Wespe dabei ein Steinchen in den Kiefern, wodurch die Wirksamkeit der Kopfstöße durch ihre vergrößerte Masse verbessert wird. Man hat dieses Verhalten auch schon als Beispiel für einen primitiven Werkzeuggebrauch bei Insekten bezeichnet. Ausnahmen in der Reihenfolge, erst Jagd und danach Nestbau, sind möglich.

Podalonia affinis ♂

Podalonia affinis ♀

Podalonia hirsuta (SCOPOLI, 1763)

Kennzeichen: Sehr ähnlich *Podalonia. affinis*. Die Behaarung von Thorax und Propodeum ist etwas kürzer und heller. Das Dorsalfeld des Propodeums und der Petiolus sind abstehend dunkel behaart. Die Abdominaltergite I bis III sind rot, Tergit III besitzt einen breiten schwarzen Endrand.

Größe: ♀ 18-20 mm, ♂14-16 mm

Flugzeit: April bis September

Verbreitung: Nordafrika, Mittel- und Südeuropa, Ost- und Zentralasien. In den Alpen bis 2000 m NN. In Deutschland ist der Bestand derzeit stark rückläufig.

Lebensraum: Sandige Flächen, Magerrasen, warme, windgeschützte Waldränder.

Lebensweise: Der Nestbau erfolgt wie bei *Podalonia affinis* erst nach erfolgreicher Jagd auf eine große, unbehaarte Noctuidenraupe. *P. hirsuta* erscheint in manchen Jahren bereits im März/April als eine der frühesten Grabwespen.

Weitere Arten:

Podalonia alpina (KOHL, 1888). Färbung wie bei *P. affinis* mit 10-14 mm aber deutlich kleiner als diese. Der Petiolus ist kürzer, nur etwa 2/3 der Länge des Basitarsus der Hinterbeine. Ein seltener Bewohner vor allem der Gebirge von Nordafrika, Spanien, der Schweiz, Österreich, Norditalien, Deutschland (Allgäu) bis in 2500 m NN.

Podalonia luffi SAUNDERS, 1903: Sehr ähnlich *P. hirsuta*. Beim Weibchen sind die Vordertarsenglieder stark asymmetrisch verbreitert, beim Männchen ist der Clypeus vorgezogen. Ein sehr seltener Bewohner der Dünen an Nord- und Ostsee. Am Mittelmeer eine häufige Art.

Podalonia hirsuta ♀

Podalonia luffi ♀

Gattung ***Ammophila*** Kirby, 1798 – **Langstielsandwespen**

Schlanke, große Grabwespen mit schwarzem Köper und roter Hinterleibsbasis. Der Petiolus ist lang und zweigliedrig, der Hinterleib schwillt nur allmählich an. Der Thorax trägt bei den meisten Arten silberweiße Haarflecken.

Ammophila campestris Latreille, 1809 – **Feldsandwespe**

Kennzeichen: Das Dorsalfeld des Propodeums ist unbehaart mit regelmäßiger Querstreifung, zwischen der Streifung glänzend. Die Submarginalzelle III des Vorderflügels ist gestielt oder dreieckig. Die Kopfbehaarung ist hell. Pronotallobus, Thoraxseiten und das Propodeum seitlich hinten sind silbrig glänzend behaart. Männchen wie Weibchen gefärbt: Petiolus und Basaldrittel des 1. Tergits (Stiel) sind schwarz, die Tergite II und III, manchmal auch Teile von IV sind rot.

Größe: ♀ 12-17 mm, ♂ 12-14 mm, somit ist sie die kleinste *Ammophila*-Art.

Flugzeit: Mai bis September

Verbreitung: Mittel- und Südeuropa, Nordafrika, Asien bis zum Pazifischen Ozean.

Lebensraum: Sandgruben, Sanddünen, sonnige Waldränder mit sandigem Untergrund in warmen bis mäßig warmen Lagen, oft in Gesellschaft von *Ammophila sabulosa*.

Lebensweise: Das Weibchen trägt im Gegensatz zu den anderen *Ammophila*-Arten keine Raupen, sondern 5-8 Blattwespenlarven (Tenthredinidae) als Nahrung für ihre Larve in den einzelligen Erdbau ein.

Ammophila campestris ♂

Ammophila campestris ♀

Ammophila pubescens CURTIS, 1836

Kennzeichen: Ähnlich *A. campestris*, aber der Pronotallobus ist nicht silbrig behaart. Die Kopfbehaarung ist braun, der Petiolus trägt unten abstehende Haare. Die Submarginalzelle III ist meist gestielt. Das Dorsalfeld des Propodeums wirkt zwischen der Streifung körnig matt. ♀: Das dritte Abdominalsegment ist überwiegend schwarz. ♂: Die ganze Oberseite des Abdomens ist dunkel. Die Tergite I und II sind nur seitlich rotbraun gefärbt.

Größe: ♀ 14-18 mm, ♂ 13-17 mm

Flugzeit: Juni bis September

Verbreitung: Von den Pyrenäen bis Sibirien. In Nordeuropa bis zum 65. Breitengrad.

Lebensraum: Warme und trockene Biotope in Sandgebieten, vor allem offene Sandflächen und Silbergrasfluren. Ihr Vorkommen ist zerstreut, die Art gilt regional als gefährdet.

Lebensweise: *A. pubescens* betreibt als eine von sehr wenigen Grabwespen echte Brutpflege in drei Phasen. Nach Nestbau und Jagd sucht das Weibchen das Nest nach der Ablage des Eies an die erste eingetragene Raupe und Nestverschluss (1. Phase) an den folgenden Tagen in mehreren Inspektionsbesuchen wiederholt auf (2. Phase) und versorgt erst die geschlüpfte Larve mit weiterer Nahrung, meist 3-10 Spannerraupen (Geometridae), die rasch nacheinander eingetragen werden (3. Phase).

Ammophila pubescens ♂

Ammophila pubescens ♀

Ammophila sabulosa (LINNAEUS, 1758) – **Sandgrabwespe**

Kennzeichen: Das Dorsalfeld des Propodeums ist ganz behaart. Die letzten Tergite des Abdomens haben einen schwachen, blaumetallischen Glanz. Die Behaarung des Kopfes ist teilweise bräunlich, der Thorax ist lang weiß behaart. Pronotallobus und Teile der Mesopleuren sind dicht silbrig behaart. Die Submarginalzelle III ist nicht gestielt. ♀: Tergit I ist größtenteils, Tergit II ist ganz rot, Tergit III ist nur an der Basis rot. ♂: Abdominaltergit I trägt oben einen schwarzen Längsstrich, Tergit II median meist mit einem schwarzen Fleck.

Größe: ♀ 15-22 mm, ♂ 14-18, mm

Flugzeit: Mai bis September

Verbreitung: Europa, Nordafrika, Asien.

Lebensraum: Die euryöke Art kommt auch in kühleren Lagen und im Gebirge bis 2500 m NN vor. Sie gilt als Kulturfolger und ist unsere häufigste Sandgrabwespe.

Lebensweise: Beim Nestbau trägt das Weibchen das Aushubmaterial durch Sammeln in dem Raum zwischen den Vorderbeinen und der Unterseite des Kopfes meist fliegend weg. Während der Jagd wird der Bau mit einem Steinchen und durch Zuscharren stets verschlossen. Das Weibchen trägt eine große oder auch 2-3 kleinere, haarlose Eulenraupen (Noctuidae) in das 10-20 cm tiefe, einzellige Nest ein. Während des Öffnens des Baues wird die Raupe in der Nähe des Eingangs abgelegt und sodann rückwärts eingezogen.

Ammophila sabulosa ♂

Ammophila sabulosa ♀

Ammophila heydeni Dahlbom, 1848

Kennzeichen: Die Art ist durch die teilweise braunrote Färbung der beiden vorderen Beinpaare gut kenntlich. Je nach Ausbreitung der Rotfärbung auf andere Körperpartien werden im Mittelmeergebiet verschiedene Varietäten unterschieden. Beim Männchen tragen die Tergite I und II dorsal einen schwarzen Strich.

Grösse: ♀ 18-24 mm, ♂ 16-22 mm

Flugzeit: Juni bis September

Verbreitung: Südeuropa, Nordafrika, Vorder- und Zentralasien. In Niederösterreich und in der Südschweiz ist die Art zeitweise häufig. In Deutschland wurde sie noch nicht gefunden.

Lebensraum: Warme, sandige, Biotope mit schütterer Vegetation, Wegböschungen usw.

Lebensweise: Die Weibchen tragen mehrere Blattwespenlarven (Tenthredinidae) oder kleine Schmetterlingsraupen (Geometridae) als Larvennahrung in die einzelligen Nester ein.

Weitere Arten:

Ammophila hungarica Mocsáry, 1883. Die mediterran-asiatisch verbreitete Art zeigt große Ähnlichkeit mit *Ammophila sabulosa* (L.). Außerhalb der Mediterranregion wurde sie in wenigen Exemplaren bei Wien und in Niederösterreich, Ungarn und Belgien gefunden.

Ammophila terminata F. Smith, 1856. Die seltene, südeuropäisch-westasiatische Art wurde nördlich in Österreich, in der Schweiz, Ungarn, Tschechien, Bulgarien und Russland gefunden.

Ammophila heydeni ♀

Ammophila heydeni ♀

Familie **Crabronidae** Latreille, 1802
Unterfamilie **Pemphredoninae** Dahlbom, 1835

Kleine bis mittelgroße, meist schwarze Grabwespen. Bei einigen Arten ist die Hinterleibsbasis rot gefärbt. Die Schienen der Mittelbeine besitzen nur einen Sporn. Die Weibchen sammeln eine große Zahl von massenhaft vorkommenden, wehrlosen Futtertieren und legen das Ei in die Masse des eingetragenen Nahrungsvorrats.

Tribus Psenini A. Costa, 1858

Im Vorderflügel sind drei Submarginalzellen vorhanden, die Antennen sind hoch angesetzt. Das Abdomen ist immer deutlich gestielt.

Gattung ***Mimesa*** Shuckard, 1837

Mittelgroße, schlanke Tiere mit roter Hinterleibsbasis. Die Stirnfurche ist nur kurz oder fehlt, im Gegensatz zu *Mimumesa*, ganz. Der obere Teil der Mesopleuren ist skulpturiert und deutlich abgesetzt. ♀ mit Pygidialfeld, beim ♂ ist der letzte Sternit in eine lange Spitze ausgezogen. Die Tiere nisten im Boden, Beutetiere sind Zikaden (Cicadellidae) oder Blattflöhe (Psyllidae). Die fünf in Deutschland nachgewiesenen Arten sind z. T. nur schwer zu trennen.

Mimesa equestris (Fabricius, 1804)

Kennzeichen: Der Petiolus ist oben deutlich gewölbt bis wulstartig. Die Vordertibien sind vorn aufgehellt. Die Mesopleuren sind lederartig matt, ohne deutliche Punktierung. ♀: Die letzten Fühlerglieder sind verdickt, die Unterseite der Fühlergeißel ist rotgelb, das Pygidialfeld ist groß. Tergit I ist teilweise, Tergit II ganz rot; Tergit III hat einen dunklen Endrand und trägt manchmal einen dunklen Fleck. ♂: Die Antennengeißel ist unten aufgehellt, Tergit I ist basal ausgedehnt dunkel, Tergit II ist rot, Tergit III ist schwarz, basal manchmal rot.

Größe: ♀ 7-10 mm, ♂ 6,5-8 mm

Flugzeit: Mai bis September

Verbreitung: Gesamte Paläarktis von Korea über die Mongolei und Sibirien bis Spanien.

Lebensraum: Kühlere Waldränder, Böschungen, Sandflächen.

Lebensweise: Die Art nistet gesellig, bevorzugt auf nur wenig besonnten Waldwegen, auf teilweise beschatteten Sandflächen, hier vor allem an steilen Abbruchkanten. Die relativ großen Auswurfhügel sind steil aufgetürmt und besitzen eine kleine seitliche Einschlupföffnung. Das Nest besteht aus mehreren Kammern in 30-50 cm Tiefe, die mit zahlreichen Kleinzikaden (Cicadellidae) verproviantiert werden. Die Wespen besuchen häufig Doldenblüten.

Mimesa equestris ♀

Mimesa equestris, Bau

Mimesa bicolor (Jurine, 1807)

Kennzeichen: Sie ist der häufigeren *M. equestris* sehr ähnlich. Die Mesopleuren sind deutlich punktiert und schwach glänzend. Der Petiolus ist kürzer als der Postpetiolus.

Größe: ♀ + ♂ 6-8 mm

Flugzeit: Mai bis September

Verbreitung: Vom Mittelmeer bis Finnland und Zentralasien.

Lebensraum: Warme Sand- und Lehmböden mit spärlicher Vegetation, Waldränder.

Lebensweise: Die Weibchen nisten oft gemeinsam, bevorzugt unter überhängenden Grasbüscheln. Die Nester sind 3-8 cm tief und bestehen aus einer oder mehreren Zellen. Beutetiere sind verschiedene kleine Zikaden (Cicadellidae).

Mimesa lutaria (Fabricius, 1787)

Kennzeichen: Der Petiolus ist oben flach, nicht gewölbt und kürzer als der 1. Abdominaltergit. Die ersten beiden Tergite sind ganz rot, die Tibien sind schwarz.

Größe: ♀ + ♂ 7-9 mm

Flugzeit: Juni bis August

Verbreitung: Vom Mittelmeer bis Nordeuropa, Sibirien, Mongolei und Japan. Im Norden etwas häufiger.

Lebensraum: Offene Sandflächen, Waldränder, Ödland, Parks und Gärten, Kiesgruben.

Lebensweise: Die Art nistet gelegentlich gemeinsam mit der ähnlichen *M. equestris* auf Sandwegen, oder auch zwischen Pflastersteinen in Städten. Beutetiere sind Kleinzikaden (Cicadellidae).

Weitere Arten:

Mimesa bruxellensis Bondroit, 1934: Sehr ähnlich der häufigeren *M. lutaria*, mit 9-10 mm aber etwas größer und schwächer punktiert. Der Petiolus ist schlanker und länger, das 1. Segment trägt einen breit verlaufenden dunklen Fleck an der Basis.

Mimesa crassipes A. Costa, 1871: Eine seltene, mehr im Süden vorkommende Art, sie gilt in Deutschland als ausgestorben, im Osten von Österreich wird sie gelegentlich gefunden.

Mimesa tenuis Oehlke, 1965: Nur aus der Slowakei, Ungarn und dem Osten von Österreich bekannt.

Mimesa bicolor ♀

Mimesa lutaria ♀

Die Stirnfurche ist voll ausgebildet und erreicht eine Querfalte unterhalb der Fühlersockel. Das Abdomen ist gestielt und (mit einer Ausnahme) immer schwarz. Im Hinterflügel endet die Submedianzelle hinter dem Ursprung der Medialader. Die sieben in Deutschland vorkommenden Arten sind nur mit dem Schlüssel sicher zu trennen.

Mimumesa atratina (F. MORAWITZ, 1891)

Kennzeichen: Der Petiolus ist länger als Abdominaltergit I und erreicht etwa die Länge von Tibia III. ♀: Clypeus und Gesicht sind stark silbrig glänzend. ♂: Das letzte Fühlerglied ist mehr als zweimal so lang wie an der Basis breit.

Größe: ♀ 8-10 mm, ♂ 7-8 mm

Verbreitung: Mittleres und nördliches Europa, Asien bis Japan.

Lebensraum: Die Art bevorzugt mäßig warme, etwas feuchtere Standorte wie Auwälder und Waldränder, sie kommt aber auch in aufgelassenen Sandgruben vor.

Lebensweise: Die Weibchen nisten oft gemeinsam in lehmigen und sandigen Böden, auch zwischen Pflastersteinen. Die Nester in 4-5 cm Tiefe bestehen aus 4-5 Zellen und werden mit 13-17 Kleinzikaden (Cicadellidae, Delphacidae) verproviantiert.

Mimumesa atratina ♀

Mimumesa unicolor ♀

Mimumesa dahlbomi (Wesmael, 1852)

Kennzeichen: Sehr ähnlich *M. atratina*. ♀: Clypeus und Gesicht sind schwach silbrig behaart. Der Clypeus ist stark gewölbt. Der Scheitel trägt feine Querstreifen. ♂: Das letzte Fühlerglied ist weniger als zweimal so lang wie breit.

Größe: ♀ 7-9 mm, ♂ 6-8 mm

Verbreitung: Westeuropa, Asien, Sibirien, in den Alpen bis 2000 m NN.

Lebensraum: Mäßig warme und feuchte Waldränder, Kahlschläge, Ödland, auch in den Städten.

Lebensweise: Die Art nistet in morschem Holz von Stämmen und Pfählen. Beutetiere sind verschiedene Arten von kleinen Zikaden, die in großer Zahl eingetragen werden.

Weitere Arten:

Mimumesa beaumonti (Van Lith, 1949) Eine sehr seltene, zerstreut vorkommende nordwestliche Art bis Ostdeutschland und Österreich.

Mimumesa littoralis (Bondroit, 1934): Eine sibirisch-osteuropäische Art mit einzelnen Funden vor allem in Dünengebieten der Nord- und Ostsee, vereinzelt im Binnenland auf xerothermen Sandflächen.

Mimumesa sibiricana Bohart, 1976: Die Abdominaltergite I und II sind rot. Wenige isolierte Funde im Küstenbereich der Nordsee.

Mimumesa spooneri (Richards, 1948): Zerstreut in Nord- und Mitteleuropa, in sandigen Biotopen, sehr selten.

Mimumesa unicolor (Van der Linden, 1829): Verbreitet vom Mittelmeergebiet, nördlich bis 66° nördl. Breite.

Mimumesa wuestnei (Faester, 1951): Ein seltener Schilfbewohner, nur aus Rumänien und Österreich bekannt.

Mimumesa dahlbomi ♂

Mimumesa dahlbomi, Nestanlage

Der obere Teil der Mesopleuren ist durch eine Naht abgetrennt und glänzend. Der Hinterleibstiel ist lang und leicht gebogen, unten kurz abstehend behaart. Zwischen den Antennen befindet sich ein kleiner Höcker. Die Submedianzelle im Hinterflügel endet hinter dem Ursprung der Medialader. In Deutschland kommen nur zwei sehr seltene Arten vor.

Psen ater (Olivier, 1792)

Kennzeichen: Der Petiolus ist oben glatt und glänzend, das Höckerchen zwischen den Antennen ist spitz. ♀: Das Pygidialfeld ist punktiert, matt. ♂: Der Metatarsus der Mittelbeine ist dornartig verlängert. Die Fühlerglieder V-VIII sind oben verbreitert, unten konkav, teilweise gelbbraun.

Größe: ♀ 11-13 mm, ♂ 10-11 mm

Verbreitung: Europa, Asien bis Japan. Eine wärmeliebende, seltene Art.

Lebensraum: Sandbiotope, Magerwiesen, warme Waldränder.

Lebensweise: Die Weibchen nisten oft in kleineren Gemeinschaften im sandigen Boden oder an Abbruchkanten. Die Nester haben einen großen Auswurfhügel mit zentralem Eingang. In bis zu 50 cm Tiefe werden 6-12 Zellen errichtet, in die 10-20 Zikaden (Fulgoromorpha) eingetragen werden.

Weitere Art:

Psen exaratus (Eversmann, 1849)

Kennzeichen: ♀: Der Petiolus ist auf der Oberseite grob punktiert und besitzt eine Längsfurche. Das Pygidialfeld ist ausgehöhlt, glänzend, mit nur wenigen Punkten. ♂: Die Fühlerglieder sind zylindrisch. Der Metatarsus der Vorderbeine ist gebogen, am Ende stark verbreitert.

Größe: ♀ 10-11 mm, ♂ 9-10 mm

Verbreitung: Süd- und Zentraleuropa über Asien bis Japan. Wärmeliebend, sehr lokal.

Lebensraum: Wie *Psen ater*.

Lebensweise: Unbekannt.

Psen ater ♂

Psen ater ♂

Unterhalb der Fühlerwurzeln befindet sich ein stark erhabener Querwulst. Zwischen den Antennen liegt ein doppelter Längskiel, der fast immer ein Grübchen einschließt. Die Submedianzelle im Hinterflügel endet vor dem Ursprung der Medialader. Die Weibchen besitzen ein Pygidialfeld, beim Männchen ist das letzte Sternit dornartig verlängert. Die 8 einheimischen, ganz schwarzen Arten sind nur mittels des Schlüssels sicher zu unterscheiden.

Psenulus concolor (Dahlbom, 1843)

Kennzeichen: ♀: Vertex und Mesopleuren sind glänzend. Das Grübchen oberhalb des Clypeus ist deutlich ausgebildet. ♂: Das letzte Fühlerglied ist meist rotbraun. Der Vertex ist nicht nadelrissig, die Seitenfelder des Propodeums sind auch oben stark skulpturiert. Die Tarsen sind mehr oder weniger gelb.

Größe: ♀ 7-8 mm, ♂ 5-6 mm

Flugzeit: Juni bis September

Verbreitung: Vorwiegend in Nord- und Mitteleuropa, von den Pyrenäen über Sibirien bis Japan.

Lebensraum: Die Art besiedelt Trockengebiete, Waldränder sowie Auwälder, Parks und Gärten.

Lebensweise: *P. concolor* nistet in hohlen oder ausgehöhlten Pflanzenstängeln und in Käferfraßgängen in altem Holz. Hier werden im Mittel 6 Zellen linienförmig angelegt, die Trennwände bestehen aus zerkautem Pflanzenmaterial. Jede Zelle wird mit 14-24 Nymphen von Blattflöhen (Psyllidae) verproviantiert. Die Larven spinnen einen zarten Kokon mit einem soliden Deckel, der nach dem Schlüpfen erhalten bleibt. An diesen runden Deckeln ist ein verlassenes *Psenulus*-Nest leicht zu erkennen.

Psenulus concolor ♂

Psenulus pallipes, Nestanlage

Psenulus fuscipennis (Dahlbom, 1843)

Kennzeichen: Die 2. rücklaufende Ader mündet meist in die Submarginalzelle II. Der obere Teil des Clypeus ist nadelrissig. ♀: Das Pygidialfeld ist breit mit deutlichen Punkten. ♂: Scutellum und Mesopleuren sind stark punktiert und leicht gerunzelt.

Größe: ♀ 7-8 mm, ♂ 6-7,5 mm

Flugzeit: Juni bis August

Verbreitung: Nord- und Mitteleuropa bis Ostasien.

Lebensraum: Mäßig warme und feuchtere Biotope wie Waldränder, Kahlschläge, Parks und Gärten.

Lebensweise: Die Weibchen nisten in Schilfhalmen, markhaltigen Stängeln, Bohrlöchern im Holz, sie nehmen häufig auch künstliche Nisthilfen an. Die Gänge werden mit einem Drüsensekret ausgekleidet, aus dem auch die Wände zwischen den Zellen bestehen. Das Nest enthält bis zu 20 Kammern, die mit je 16-47 Blattläusen der Gattung *Cynara* (Aphididae) gefüllt werden.

Weitere Arten:

Psenulus brevitarsis Merisuo, 1937: Eine sehr seltene, zerstreut vorkommende Art.

Psenulus fulvicornis (Schenck, 1857): Die Struktur der Seitenfelder des Propodeums ist grob wabenförmig. Eine selten gefundene Art, deren Status zweifelhaft ist. In Deutschland nur im Südwesten nachgewiesen.

Psenulus laevigatus (Schenck, 1857): ♀ mit sehr kleinem, kaum sichtbarem Pygidialfeld.

Psenulus meridionalis De Beaumont, 1937: Die Mesopleuren tragen Längsrunzeln. Eine südliche Art, von der neuerdings wenige Exemplare in Baden-Württemberg, Hessen, Sachsen und Brandenburg sowie im Burgenland in Österreich und in der Schweiz in Schilfgebieten gefunden wurden.

Psenulus pallipes (Panzer, 1798): Eine häufige Art mit weiter Verbreitung. 5,5-6 mm.

Psenulus schencki (Tournier, 1889): In Europa weit verbreitet. ♀: Die Seitenfelder des Propodeums sind fein längsgestreift. Die Schienen der Mittelbeine sind hell gestreift, mit Dornenreihe. 6-7 mm. Die Art trägt adulte Blattflöhe (Psyllidae) ein, im Unterschied zu *P. concolor*, die nur Nymphen von Psyllidae einträgt. ♂: Die Fühler sind perlschnurartig, unten gelbbraun. 5,5-7 mm.

Psenulus fuscipennis ♀

Psenulus fuscipennis ♂

Unterfamilie **Pemphredoninae** Dahlbom, 1835
Tribus Pemphredonini Dahlbom, 1835
Subtribus Pemphredonina Dahlbom, 1835

Eine wenig einheitliche Gruppe meist kleiner, vorwiegend schwarzer Arten mit nur 1 oder 2 Submarginalzellen im Vorderflügel.

Gattung ***Diodontus*** Curtis, 1834

Ziemlich kleine schwarze Arten, die der Gattung *Passaloecus* stark gleichen. Sie besitzen jedoch zwei Mandibelzähne, ein ausgerandetes Labrum, netzartig gerunzelte Mesopleuren und kurze Dornen an den Hintertibien. Das Pygidialfeld der Weibchen ist breit dreieckig. Die Arten nisten im Boden, die Larvenkammern werden mit zahlreichen Blattläusen verproviantiert.

Diodontus minutus (Fabricius, 1793)

Kennzeichen: ♀: Mandibeln und Pronotallobus sind gelb, die Tibien I und II sind rotbraun. Die Seitenzähne des Clypeus stehen weiter auseinander als ihr Abstand zum Auge beträgt. ♂: Färbung wie beim Weibchen. Der Basistarsus der Vorderbeine und vor allem der Mittelbeine ist stark gebogen und etwas verbreitert. Die Beine sind mehr gelb. Die Fühlergeißel ist unten gelb gefleckt.

Größe: ♀ 4,5-5,5 mm, ♂ 3,5-4 mm

Flugzeit: Mai bis September

Verbreitung: Europa vom Mittelmeer bis Finnland, weite Teile Asiens.

Lebensraum: Eine häufige bis sehr häufige Art, vor allem an trockenen, warmen Orten, auf Trockenrasen, Silbergrasfluren, Löß, Ödland und an Waldrändern.

Lebensweise: Die Weibchen nisten oft gesellig in kleinen Sandwällen, Böschungen und Abbruchkanten, mitunter auch oberirdisch in Mauerfugen, Sandsteinmauern oder Insektenfraßgängen. Von einem Hauptgang gehen mehrere, teils weiter verzweigte Nebengänge ab, die jeweils in eine Zelle münden. Die 10-15 Zellen werden mit Blattläusen verproviantiert. Die Wespen besuchen vorwiegend Doldenblüten.

Diodontus minutus ♂

Diodontus minutus ♀

Diodontus tristis (Van der Linden, 1829)

Kennzeichen: Die Mandibeln sind fast schwarz, die Mesopleuren sind grob gerunzelt, das Mesonotum ist weitläufig stark punktiert. Die Punktierung des Scutellums ist sehr fein und weitläufig. ♀: Beine und Pronotallobus sind schwarz. ♂: Die Antennen sind schwarz, die Beine mehr oder weniger gelb, der Pronotallobus ist weiß.

Größe: ♀ 5-6 mm, ♂ 4,5-5 mm

Flugzeit: Ende Mai bis September

Verbreitung: Vom Mittelmeer über Europa und Asien bis in die Mongolei. In Deutschland weit verbreitet.

Lebensraum: Bevorzugt wärmere Biotope wie geschützte Waldränder, Trockenrasen, Silbergrasfluren, Löß- und Sandgebiete.

Lebensweise: Die Nester werden gesellig im sandigen Boden errichtet, häufig auch in Siedlungen zwischen Pflastersteinen oder in kleinen Böschungen, Mauerfugen, sowie in Lehm- und Sandsteinwänden. Die Zellen liegen hintereinander in wenig verzweigten Gängen in 5-15 cm Tiefe. Sie werden mit 20-40 ungeflügelten Blattläusen versorgt. Die Larven graben sich vor der Verpuppung in einem Kokon noch tiefer in den lockeren Sand ein.

Weitere Arten:

Diodontus handlirschi Kohl, 1888: Eine Hochgebirgsart mit langer Behaarung, die früher vereinzelt auch im Schwarzwald und Allgäu vorkam.

Diodontus insidiosus Spooner, 1938: Ähnlich *D. minutus*, aber die Seitenzähne des Clypeus stehen enger beisammen, der Basistarsus der Mittelbeine des Männchen ist schwächer gebogen. Die Art wurde in Nord- und Mitteleuropa, vor allem auf den Ostfriesischen Inseln gefunden.

Diodontus luperus Shuckard, 1837: Die Weibchen sind ganz schwarz, nur die Vorderschienen sind vorn gelblich. ♂: Die Beine sind mehr gelb gefleckt, die beiden vorletzten Fühlerglieder sind deutlich eingebuchtet. Weit verbreitet und nicht selten.

Diodontus major Kohl, 1901: Sehr ähnlich *Diodontus minutus*. Bekannt aus Österreich und den osteuropäischen Ländern.

Diodontus medius Dahlbom, 1845: Hauptsächlich im Norden (Skandinavien) verbreitet, sehr ähnlich *D. handlirschi*. Ihr Vorkommen in Deutschland ist fraglich.

Diodontus tristis ♂

Diodontus tristis ♀

Meist kleine bis mittelgroße, schwarze Arten mit kurzem, gefurchtem Hinterleibstiel, zwei Submarginalzellen und einem hinter den Augen stark entwickeltem Kopf. Die abstehende, helle Behaarung ist gut entwickelt. Die 15 in Deutschland nachgewiesenen Arten sind meist nur schwer zu trennen, ihr Artstatus ist z. T. noch ungeklärt. Die Weibchen nisten oberirdisch in hohlen Pflanzenstängeln, markhaltigen Zweigen oder in vorgefundenen Bohrgängen im Holz. Sie sind eifrige Blattlaussammler, die 10-60 Blattläuse pro Zelle eintragen. Die Beutetiere werden meist nicht durch Stiche paralysiert, sondern durch Druck mit den Kiefern getötet.

Pemphredon lethifer (SHUCKARD, 1837)

Kennzeichen: ♀: Der Vorderrand des Clypeus ist abgestumpft, das Mesonotum ist spärlich punktiert. ♂: Der Clypeus ist breit ausgeschnitten, die Umrandung des Dorsalfeldes am Propodeum ist breit, glatt und glänzend.

Größe: ♀ 6-8 mm, ♂ 5-7 mm

Flugzeit: April bis September Zwei oder mehr Generaionen im Jahr sind möglich.

Verbreitung: Eine holarktische Art mit weiter Verbreitung von Marokko bis Japan, in den USA wurde sie eingeführt. In Europa ist sie eine weit verbreitete und meist häufige Art.

Lebensraum: Eine euryöke Art ohne hohe Temperaturansprüche. Sie besiedelt sowohl trockene als auch feuchte Gebiete. Häufig auch in Parks und Gärten.

Lebensweise: Die Weibchen nisten gewöhnlich im Mark gestutzter Brombeerranken, in hohlen Pflanzenstängeln, in Käferfraßgängen im Holz und in den Gallen der Schilfgallmücke *Lipara lucens* MEIGEN. Das Nest wird je nach der Dicke des Zweiges als gerader Linienbau, mit schraubenförmigem Verlauf oder verzweigt angelegt. Es werden nacheinander bis zu 4 Nester mit jeweils 6-10 Zellen errichtet. Diese werden mit zahlreichen Blattläusen, meist deren Nymphen, angefüllt. Mitunter verzehren die Weibchen erbeutete Blattläuse auch selbst.

Pemphredon lethifer ♀

Pemphredon rugifer ♀

Pemphredon lugens DAHLBOM, 1842

Kennzeichen: Der Vorderrand des Clypeus ist beim ♀ deutlich, beim ♂ schwach dreizähnig. Der Hinterleibstiel ist ziemlich kurz. Das Pygidialfeld des ♀ ist schmal, kielartig.

Größe: ♀ 8-11,5 mm, ♂ 7,5-10 mm

Flugzeit: Mai bis August

Verbreitung: Vom Mittelmeer und den Pyrenäen bis Finnland.

Lebensraum: Die wenig wärmebedürftige Art lebt an Waldrändern, in Gärten und Parks.

Lebensweise: Im abgestorbenen Holz legt das Weibchen verzweigte Linienbauten an, deren Seitenäste jeweils 2-3 Zellen enthalten. Zum Bau der Trennwände werden z.T. auch abgenagte Holzspäne von außen eingetragen. Die Zellen werden mit 20-30 Blattläusen verproviantiert.

Pemphredon lugubris (FABRICIUS, 1793)

Kennzeichen: ♀: Das Pygidialfeld ist lang und schmal, die Mesopleuren sind vor den Mittelcoxen quergerunzelt. Der Hinterleibstiel ist lang. Der Clypeus ist leicht vorgezogen. ♂: Die Mesopleuren sind vor den Mittelcoxen gerunzelt, der Clypeus ist breit ausgerandet.

Größe: ♀ 10-12 mm, ♂ 8-10 mm

Flugzeit: April bis September. Zwei Generationen sind möglich.

Verbreitung: Europa und Zentralasien bis Japan.

Lebensraum: Die euryöke Art lebt vor allem an Waldrändern, Kahlschlägen, in Parks und Gärten, in trockenen wie in feuchten Gebieten.

Lebensweise: Das verzweigte Nest wird häufig im weichen, morschen Holz genagt, meist entlang alter Käferfraßgänge. Manchmal benutzen mehrere Weibchen den gleichen Nesteingang, haben aber getrennte Nester. Die Gänge werden ganz mit Holzspänen ausgefüllt. Beutetiere sind größere Blattläuse, von welchen bis zu 40 in eine Zelle eingetragen werden.

Pemphredon lugens ♀

Pemphredon lugubris ♀

Weitere Arten:

Pemphredon austriaca (KOHL, 1888): Eine seltene, südliche Art, die in Eichengallen der Gallwespe *Andricus kollari* (HARTIG, 1843) an der Zerreiche (*Quercus cerris*), aber auch in Pflanzenstängeln nistet.

Pemphredon baltica MERISUO, 1972: Eine sehr seltene, mehr nördlich verbreitete Art.

Pemphredon beaumonti HELLÉN, 1955: Die sehr seltene Art lebt im mittleren und nördlichen Europa.

Pemphredon clypealis THOMSON, 1870: Charakteristisch für die seltene Art ist ein kleines Horn zwischen den Fühlern. Der Clypeus ist tief ausgeschnitten, an den Ecken mit Zahn. Der Hinterleibstiel ist sehr kurz. Wird auch als synonym mit *P. morio* betrachtet. Nistet in Totholz.

Pemphredon enslini WAGNER, 1932: Sehr ähnlich der häufigen *P. lethifer*, die 2. rücklaufende Ader mündet meist in Submarginalzelle I.

Pemphredon fabricii (MÜLLER, 1911): Sehr ähnlich *P. lethifer*, doch sind die Klauen abgestumpft. Die Weibchen nisten bevorzugt (?) oder ausschließlich (?) in den Gallen der Schilfgallmücke *Lipara lucens* MEIGEN.

Pemphredon inornata SAY, 1824: ♀: Der Clypeus ist mittig deutlich konvex, der vordere Rand ist stark winklig abgesetzt. ♂ ohne Tyloiden an den Fühlergliedern.

Pemphredon montana DAHLBOM, 1845: Eine boreoalpine Art, die gelegentlich auch im Flachland vorkommt. Das Pygidialfeld des ♀ ist breit und flach.

Pemphredon morio VAN DER LINDEN, 1829: Siehe *P. clypealis*.

Pemphredon mortifer VALKEILA, 1972: Eine wärmeliebende, seltene Art. Evtl. synonym mit *P. rugifer.*

Pemphredon podagrica CHEVRIER, 1870: Eine seltene, vermutlich sibirische Art. ♀: Der Clypeus ist mittig vorgezogen und schwach dreizähnig. ♂: Der Metatarsus der Mittelbeine ist gebogen und distal verbreitert.

Pemphredon rugifer DAHLBOM, 1844: Sehr ähnlich *P. wesmaeli* und wahrscheinlich synonym. Nistet in Pflanzenstängeln während *P. wesmaeli* angeblich nur in Kiefernrinde nistet.

Pemphredon wesmaeli (A. MORAWITZ, 1864): Ähnlich *P. lethifer*. Der Vorderrand des Clypeus trägt eine Einbuchtung. Siehe *P. rugifer*.

Pemphredon wesmaeli ♂

Pemphredon clypealis ♀

Gattung *Passaloecus* Shuckard, 1837

Die Gattung *Passaloecus* ist holarktisch verbreitet, mit etwa 12 Arten in Europa. Sie enthält kleine, bis 6,5 mm große, schwarze Arten mit ungestieltem Hinterleib. Von den ähnlichen Gattungen *Diodontus* und *Polemistus* unterscheidet sie sich durch die schlankere Gestalt, eine spitzwinklig vorgezogene Lamelle des Labrums und die dornenlosen Tibien der Hinterbeine. Das Mesopleuron trägt eine vertikale Punktreihe, von der 1 oder 2 horizontale Seitenäste abgehen. Das Endsegment der Weibchen ist ohne Pygidialfeld, das der Männchen endet in einem stachelähnlichen Fortsatz. Die Arten nisten in hohlen oder markhaltigen Zweigen, in Fraßgängen im Holz oder in der Borke. Die Larvennahrung besteht aus Blattläusen. Einige Arten verwenden Harz zum Bau der Zwischenwände und zum Nestverschluss.

Passaloecus corniger Shuckard, 1837

Kennzeichen: Die Mesopleuren besitzen eine vertikale und zwei horizontale Punktreihen. Zwischen den Fühlern sitzt ein deutliches, spitzes Hörnchen. ♀: Der Clypeus ist wie beim ♂ stark silbrig behaart. Das Labrum ist nicht herzförmig. Mandibeln und Beine sind ausgedehnt rotbraun. ♂: Die Mandibeln sind dreizähnig, die Fühlerglieder sind abgeschrägt..

Größe: ♀ 6,5-7,5 mm, ♂ 5,5-6,5 mm

Flugzeit: Mai bis August

Verbreitung: Zentraleuropa, von den Pyrenäen bis Skandinavien und Russland, in den Alpen bis 1900 m NN.

Lebensraum: Warme, trockene Waldränder, Kahlschläge, Ödland, Parks und Gärten. Eine häufige Art.

Lebensweise: Die Weibchen nisten in Käferfraßgängen im Holz und in Kiefernrinde, in geschnittenen Schilfhalmen und hohlen oder markhaltigen Pflanzenstängeln.
Häufig werden auch Trapnester mit Bohrungen von 2-3 mm Durchmesser angenommen. Die Nester werden zumeist mit dunklem Harz, das einige Einschlüsse aus Holzfasern oder Pflanzenteilchen enthält, verschlossen. Aus dem gleichen Material bestehen auch die Zellzwischenwände. Als Larvennahrung werden verschiedene Arten von Blattläusen eingetragen. Diese werden gelegentlich auch aus den Nestern benachbarter Weibchen gestohlen.

Passaloecus corniger ♂

Passaloecus corniger ♀

Passaloecus eremita KOHL, 1893

Kennzeichen: Die Mesopleuren besitzen eine vertikale und zwei horizontale Punktreihen wie bei *P. corniger*, jedoch ohne Dörnchen zwischen den Fühlern, oder dieses ist rudimentär. ♀: Das Labrum ist breit herzförmig, die Beine sind mehr gelblich, die Tibien III sind nur basal gelb. ♂: Die Mandibeln sind einzähnig mit einer breiten Kante, die Fühlergeißel ist unten braungelb.

Größe: ♀ 5-6,5 mm, ♂ 4-5 mm

Flugzeit: Mai bis September

Verbreitung: Zentraleuropa, etwa wie *P. corniger,* lokal sehr häufig, vor allem in Gebieten mit größeren Kiefernbeständen.

Lebensraum: Trockene, geschützte Waldränder, Parks und Gärten.

Lebensweise: Die Nester befinden sich häufig in Käferfraßgängen in der Borke von Kiefern, hohlen Zweigen und in Trapnestern. Die Wände zwischen den Zellen und der Nestverschluss bestehen aus hellem Kiefernharz. Charakteristisch sind die konzentrischen Harztröpfchenringe um den Nesteingang.

Passaloecus insignis (VAN DER LINDEN, 1829)

Kennzeichen: Die Weibchen sind an den breiten, weiß gefärbten Mandibeln zu erkennen. Labrum, Scapus und Pronotallobus sind ebenfalls weiß, das Labrum ist zipfelartig zugespitzt.

Größe: ♀ 5-6 mm, ♂ 4-5 mm

Flugzeit: Mai bis September

Verbreitung: In Europa von Mittelgriechenland und den Pyrenäen bis Skandinavien und in Asien bis Japan. Weit verbreitet und meist nicht selten.

Lebensraum: Warme, trockene Biotope wie auch Feuchtgebiete und Uferrandzonen. Das zum Nestbau benötigte Harz bindet sie an die Nähe von Koniferen.

Lebensweise: Die Nester werden in markhaltigen oder hohlen Pflanzenstängeln, in Schilfdächern sowie in Trapnestern angelegt. Die Art nistet oft auch in den begonnenen oder verlassenen Nestern anderer Grabwespenarten.

Passaloecus eremita ♀

Passaloecus insignis ♀

Passaloecus singularis DAHLBOM, 1844

Kennzeichen: Bei der kleinen, zierlichen Art sind der Pronotallobus und das Labrum meist schwarz. Das Abdomen ist zwischen dem 1. und 2. Tergit deutlich eingeschnürt. Mandibeln und Scapes sind gelb gestreift.

Größe: ♀ 5-5,5 mm, ♂ 4-4,5 mm

Verbreitung: Von Spanien, Italien und Teilen von Russland bis Finnland.

Lebensraum: In trockenen sowie in feuchten Biotopen ist die Art fast überall nicht selten.

Lebensweise: Die Weibchen nisten in hohlen und markhaltigen Pflanzenstängeln, in Schilfhalmen und Stroh. Ihre Nester sind durch ein Gemisch von kleinen Sandkörnern und Harzstückchen, aus dem der Verschluss und die bis zu 1,5 mm starken Zwischenwände bestehen, gut zu erkennen. In die Larvenkammern werden bis zu 40 kleine Blattläuse eingetragen.

Weitere Arten:

(Die Arten sind nur mittels des Schlüssels sicher zu bestimmen.)

Passaloecus borealis DAHLBOM, 1845: Nordeuropa, Kanada, USA. In Deutschland boreoalpin in den Mittelgebirgen und Alpen ab 350 m NN. Sehr ähnlich *P. turionum*, mit 6-7,5 mm aber deutlich größer.

Passaloecus brevilabris WOLF, 1958: Zentral- und Nordeuropa. Ähnlich *P. turionum,* aber das Labrum des ♀ ist kurz dreieckig mit dichter Behaarung und die Antennen des ♂ sind anders.

Passaloecus clypealis FAESTER, 1947: Vor allem im Küstenbereich von Nord- und Ostsee, im Binnenland selten. Der Clypeus ist vorgezogen und abgerundet, das Labrum ist dreieckig, der Kopf ist nach hinten stärker verengt. Nistet im Schilf.

Passaloecus gracilis (CURTIS, 1834): Holarktische Verbreitung. Die Parapsidenfurchen sind tief eingegraben, die Vorderecken des Mesonotums sind gestreift, die Mandibeln der ♀♀ sind ausgedehnt weiß gefleckt.

Passaloecus monilicornis DAHLBOM, 1842: Zentral- und Nordeuropa bis Asien. Eine in Deutschland seltene Art. Nistet in Totholz.

Passaloecus pictus RIBAUT, 1952: Südeuropa, Türkei. Vereinzelte Funde in Deutschland. Zwischen den Fühlern sitzt ein Dörnchen. Nistet als einzige Art endogäisch in Böschungen, Mauerspalten, Sandsteinwänden.

Passaloecus turionum DAHLBOM, 1845: In Nord- und Zentraleuropa eine häufige Art. Ähnlich *P. gracilis* und *P. borealis*, aber die Parapsidenfurchen sind nicht tief und die Vorderecken des Mesonotums sind nicht gestreift.

Passaloecus vandeli RIBAUT, 1952: Eine seltene, wärmeliebende Art mit nur wenigen, zerstreuten Funden in D. Die beiden senkrechten Punktreihen der Mesopleuren (Episternalsulcus) stehen weit auseinander. Der Clypeus ist gewölbt und glänzend.

Gattung ***Polemistus*** SAUSSURE, 1892

Eine in den Tropen verbreitete, *Passaloecus* und *Stigmus* nahestehende Gattung mit zwei paläarktischen Arten, von denen eine in D, CH und A gefunden wurde:

Polemistus abnormis (KOHL, 1888). Die Innenränder der Augen sind stark nach unten konvergent. Größe: 5 mm.

Passaloecus singularis ♂

Passaloecus brevilabris ♀

Subtribus Stigmina Bohard & Menke, 1976
Gattung ***Stigmus*** Panzer, 1804

Sehr kleine, schwarze, fast unbehaarte Arten mit kurzem Hinterleibstiel. Das Stigma im Vorderflügel ist auffallend groß. Im Vorderflügel sind 2 Submarginalzellen und 1 Discoidalzelle vorhanden.

Stigmus pendulus Panzer, 1804

Kennzeichen: Der Pronotallobus ist schwarz. Auf der Stirn, vor dem vorderen Ocellus liegt eine tiefe und breite Längsfurche. Das Mesonotum ist glänzend, die Mesopleuren sind vorn oben glatt und glänzend.

Größe: ♀ 4-4,5 mm, ♂ 3,5-4,5 mm

Flugzeit: Juni bis September

Verbreitung: In Zentral- und Nordeuropa weit verbreitet, zumeist häufig, wegen ihrer geringen Größe aber wenig affallend.

Lebensraum: Waldränder, Kahlschläge, Parks und Gärten. Die Art stellt nur geringe Ansprüche an die Temperatur.

Lebensweise: Die meist leicht verzweigten Nester werden bevorzugt in Käferfraßgängen in altem Holz oder in markhaltigen Pflanzenstängeln angelegt. Sie bestehen aus bis zu 14 Zellen die mit zahlreichen kleinen Blattläusen gefüllt werden. Diese werden auf ihrem Blatt mit den Kiefern ergriffen und durch Bekauen getötet.

Stigmus solskyi A. Morawitz, 1864

Kennzeichen: Der Pronotallobus ist weiß, die Stirnfurche ist flach, das Mesonotum ist chagriniert und matt, die Mesopleuren sind vollständig gerunzelt.

Größe: ♀ 4-5 mm, ♂ 3-4 mm

Flugzeit: Juni bis September

Verbreitung: Von Portugal und Spanien über die Türkei, Mitteleuropa bis Finnland. Die Wespe kommt häufig zusammen mit *S. pendulus* vor, sie ist aber seltener als diese.

Lebensraum: Waldränder, Parks und Gärten.

Lebensweise: Die Weibchen nisten in Insektenfraßgängen im Holz sowie in hohlen und markhaltigen Pflanzenstängeln. Der Nestgang verläuft wie bei *S. pendulus* gewunden, die Zellen werden seitlich, rechts und links alternierend, vom Hauptgang genagt. Beutetiere sind Nymphen von Blattläusen und Blattflöhe (Psyllidae).

Stigmus pendulus ♂

Stigmus solskyi ♀

Subtribus Spilomenia MENKE, 1989
Gattung ***Spilomena*** SHUCKARD, 1838

Sehr kleine Grabwespen mit ebenfalls großem Stigma im Vorderflügel. Der Hinterleib ist nicht gestielt, der Clypeus ist nur schwach silbrig behaart. Die Schulterbeulen erreichen die Tegulae. Die Männchen tragen eine gelbliche Gesichtszeichnung, zumindest ist der Clypeus gelb gefleckt. Die Weibchen nisten meist in Käferfraßgängen (Anobien) im Holz oder im Mark von Pflanzenstängeln. Beutetiere sind Blasenfüßer (Thysanoptera).

Spilomena enslini BLÜTHGEN, 1953

Kennzeichen: Hinterhaupt und Scheitel sind stark entwickelt. Der Pronotallobus ist gelb. Das Dorsalfeld des Propodeums ist seitlich von einem Kiel umgrenzt. Das 6. Tergit des ♀ trägt einen Doppelkiel.

Größe: ♀ 3 mm, ♂ 2,7 mm

Flugzeit: Juni bis August

Verbreitung: Mittel- und Nordeuropa.

Lebensraum: Die Art besiedelt strukturreiche, trockene und feuchte Gebiete.

Lebensweise: Die Weibchen nisten anscheinend nur in selbstgenagten Gängen im Mark von *Rubus*- und *Sambucus*-Zweigen. Von dem gewundenen, nur 1,2 mm breiten Gang zweigen 6-10 Zellen ab, die mit 30-35 Thrips-Larven verproviantiert werden.

Spilomena troglodytes (VAN DER LINDEN, 1829)

Kennzeichen: Das Hinterhaupt ist weniger stark entwickelt. Das Dorsalfeld des Propodeums ist an der Basis zwischen den Kielen sehr fein und dicht punktiert, es ist nicht von einem Kiel umgeben.

Größe: ♀ 3 mm, ♂ 2,5 mm

Verbreitung: In Zentral- und Nordeuropa weit verbreitet, zumeist häufig.

Lebensraum: Waldränder, Kahlschläge, Parks und Gärten. Die Art stellt nur geringe Ansprüche an die Temperatur.

Lebensweise: *S. troglodytes* nistet in Käferfraßgängen von *Anobium, Anthraxia*, *Callidium* u. a. in alten Holzbalken, häufig aber auch im Mark von trockenen Brombeerranken. In jede Zelle werden 50-60 Nymphen von Thripsen eingetragen.

Spilomena enslini ♀

Spilomena troglodytes ♂

Weitere Arten:

Spilomena beata Blüthgen, 1953: ♀: Das Dorsalfeld des Propodeums ist deutlich gestreift und von einem Kiel umgrenzt. Das 6. Tergit hat eine doppelte Reihe von kurzen Borsten, die Mandibeln sind schwarzbraun. ♂: Die Kopfzeichnung ist gelb, der Pronotallobus ist schwarzbraun. Nistet gesellig in alten Holzbalken. 2,5-3 mm.

Spilomena curruca (Dahlbom, 1843): Die Scutellumfurche ist breit und gekerbt. Der Clypeus hat eine Längsfurche. Ein boreoalpines Waldtier, das in morschen Baumstämmen nistet und selten gefunden wird. 2,5-3,0 mm. Zentral- und Westeuropa.

Spilomena differens Blüthgen, 1953): (Wahrscheinlich synom mit *S. curruca* (Dahlbom, 1843)

Spilomena mocsaryi Kohl, 1898: Der Clypeus ist mittig tief eingebuchtet. Die Mandibeln sind weißlich-gelb. Der Pronotallobus ist meist schwarz. Das 6. Tergit des ♀ ist ohne doppelten Längskiel, distal behaart. Die Art nistet in Sand- und Lößwänden. 2,5-3 mm. In Deutschland nur aus Brandenburg bekannt. Funde in Österreich und der Schweiz.

Spilomena punctatissima Blüthgen, 1953: Sehr ähnlich *S. mocsaryi*, aber der Clypeus ist weniger tief eingebuchtet. Eine südliche Art mit wenigen Funden in Mitteleuropa. Sie nistet in Mauerspalten.

Spilomena valkeila Vikberg, 2000: Nur in Schweden und Norwegen gefunden.

Spilomena troglodytes ♀ am Nest

Spilomena curruca ♀

Subtribus Ammoplanina EVANS, 1959
Gattung *Ammoplanus* GIRARD, 1869

Die Gattung enthält wie *Stigmus* und *Spilomena* ebenfalls sehr kleine, schwarze Arten mit nicht gestieltem Hinterleib und sehr großem Flügelstigma. Im Vorderflügel ist aber nur eine Submarginalzelle vorhanden. In Deutschland kommen drei, nur selten gefundene und wenig bekannte Arten vor. Sie nisten, soweit bekannt, in Lehm und Lößwänden, ihre Beutetiere sind Thrips-Arten (Thysanoptera).

Ammoplanus gegen TSUNEKI, 1972: 2,0-2,7 mm. Spanien, Zentraleuropa.

Ammoplanus handlirschi GUSSAKOVSKIJ, 1931: Osteuropa, Sibirien. 2,5-2,8 mm. Aktuell nur aus Baden-Württemberg und Brandenburg bekannt.

Ammoplanus hofferi SNOFLÁK, 1943: Österreich, Tschechien, Südpolen.

Ammoplanus marathroicus (DE-STEFANI, 1887): Südeuropa, nördlich bis Potsdam. Österreich.

Ammoplanus perrisi GIRAUD, 1869: (*Ammoplanus wesmaeli* GIRAUD, 1869) Eine wärmeliebende, südliche Art, die in Weinbergen, Steinbrüchen, Burgruinen lebt und in Mauerspalten nistet. Spanien bis Süddeutschland, Österreich, Schweiz.

Ammoplanus pragensis SNOFLAK, 1945: Einige Funde in den Weinbergen des Maintals wie auch in den raueren Lagen der Rhön sind bekannt.

Ammoplanus perrisi ♂

Ammoplanus perrisi ♀

Unterfamilie **Astatinae** Lepeletier, 1845
Gattung ***Astata*** Latreille, 1796

Der Vorderflügel besitzt drei Submarginalzellen, die erste wird durch eine feine Querader geteilt. Die Mitteltibia trägt 2 Sporen. Die Ocellen sind normal, die Komplexaugen der Männchen berühren sich am Scheitel. Von der ähnlichen Gattung *Dryudella* unterscheidet sich *Astata* durch das deutlich strukturierte Propodeum. Bei den Männchen auch durch die ganz schwarze Stirn und bei den Weibchen durch das matte, von einer Reihe dicker, gebogener Borsten umgebene Pygidialfeld. Alle Astatinae nisten im Boden, Beutetiere sind Wanzen (Heteroptera). *Astata*-Arten fallen durch häufiges Flügelzucken beim Laufen am Boden auf.

Astata boops (Schrank, 1781)

Kennzeichen: Die Abdominalsegmente I-III sind rot gefärbt, die Beine sind schwarz. ♀: Die Stirn und der Raum zwischen den Ocellen sind dicht punktiert. Der Basistarsus der Vorderbeine ist mit zahlreichen, ungleich langen, kleinen Dornen besetzt. ♂: Die mittleren Fühlerglieder besitzen zwei hervortretende Leisten. Die Behaarung der Sternite III-VI ist in der Mitte deutlich kürzer als am Rand.

Größe: ♀ 9-13 mm, ♂ 9-11 mm

Flugzeit: Juni bis September

Verbreitung: Von Nordafrika über Europa bis zum Pazifik. Im Norden seltener.

Lebensraum: Warme, windgeschützte Waldränder, Trockenrasen, Ödland.

Lebensweise: Als Nistplätze werden gut besonnte, trockene, sandige, aber auch lehmige Böden bevorzugt. Das Nest besteht aus einer kurzen, etwa 10 cm langen Röhre, von der einige Seitenarme abzweigen. Hier liegen hintereinander bis zu 12 Brutkammern. Beutetiere sind vorwiegend Baumwanzen (Pentatomidae), die zu mehreren, mit der Bauchseite nach unten, in den Brutkammern gestapelt werden.

Astata boops ♂

Astata boops ♀

Astata minor (Kohl, 1885)

Kennzeichen: Sehr ähnlich *A. boops*. Beim ♀ nehmen die kleinen Dornen am Basistarsus der Vorderbeine nach distal gleichmäßig an Größe zu. ♂: Die mittleren Fühlerglieder besitzen an der Unterseite drei punktartige Erhebungen, die Mittelcoxen sind innen konkav und glänzend.

Größe: ♀ 9-11 mm, ♂ 8-11 mm

Flugzeit: Juni bis August

Verbreitung: Nordafrika, Europa, Kleinasien, Kasachstan.

Lebensraum: Lichte Eichen-Kiefernwälder, trockene Waldränder, Sand- und Kiesflächen.

Lebensweise: Die Weibchen graben häufig in kleinen Gemeinschaften ihre kurzen, bis 6 cm langen Gänge, die in einer einzigen horizontalen Zelle enden. Die Beute besteht aus verschiedenen Arten von Erdwanzen (Cydnidae) und Bodenwanzen (Lygaeidae).

Astata kashmirensis Nurse, 1909

Kennzeichen: Das ♀ besitzt vorn am Mesonotum neben den hellen auch stärkere dunkle Haare. Stirn und Interocellarraum sind zerstreut punktiert. Die Abdomenbasis ist rot, die Tibien und Tarsen sind rötlich gefärbt. ♂: Wie das ♀ gefärbt. Die mittleren Antennenglieder sind unten schwach ausgerandet und besitzen zwei Tyloiden. Das 2. Sternit trägt einen großen schwarzen Fleck.

Größe: ♀ 8-10 mm, ♂ 8-11 mm

Verbreitung: Südeuropa, Zentraleuropa, Österreich, Schweiz. Eine in Deutschland sehr seltene und gefährdete Art, die hier ihre nördliche Verbreitungsgrenze erreicht.

Lebensraum: Flugsandgebiete, Silbergrasfluren, Lößböden mit schütterer Vegetation.

Lebensweise: Die Wespe nistet im Boden und trägt Nymphen von Baumwanzen (Pentatomidae) als Larvennahrung ein.

Weitere Art:

Astata costae A. Costa, 1867: Südeuropa, nördlich bis in die Schweiz, Slowakei, Ungarn.

Astata minor ♀

Astata kashmirensis ♂

Gattung *Dryudella* Spinola, 1843

Ähnlich *Astata*, die Männchen besitzen einen auffallenden weißen Stirnfleck.

Dryudella pinguis (Dahlbom, 1832)

Kennzeichen: ♀: Der Mittellobus des Clypeus ist vorn abgestutzt oder dreizähnig, mit parallelen Seiten. Im vorderen Teil des Mesonotums sind dunkle Haare unter die hellen gemischt. ♂: Der Medianlobus des Clypeus ist viel breiter als bei *D. stigma* und stark vorspringend, er bildet mit den Seitenlobi einen Winkel. Die Antennenglieder VIII-XI sind an der Spitze der Unterseite punktartig verlängert.

Größe: ♂ + ♀ 6-8 mm

Verbreitung: Die einzige holarktische Art der Gattung ist vor allem im nördlichen Europa und Asien bis Nordamerika verbreitet. Sie ist bei uns hauptsächlich an die küstennahen Sandgebiete gebunden, mit einzelnen Vorkommen auch im Binnenland. Die gegen Kälte unempfindliche Art scheint sich derzeit auszubreiten.

Lebensraum: Sandgebiete. Die Weibchen nisten an gut besonnten, feinsandigen Stellen mit geringem Bewuchs.

Lebensweise: Das Nest besteht aus einem etwa 6 cm langen, schräg abwärts verlaufenden Gang, der in eine einzige Zelle mündet. Beutetiere sind Nymphen von Bodenwanzen (Lygaeidae).

Dryudella stigma (Panzer, 1809)

Kennzeichen: ♀: Der Medianlobus des Clypeus ist abgerundet, der Vorderteil des Mesonotums ist ohne dunkle Haare. Der Basistarsus der Vorderbeine und der Tarsenkamm sind stärker entwickelt als bei *D. pinguis*. ♂: Der Medianlobus des Clypeus ist schmal und weit vorgezogen. Die Antennen sind etwas länger als bei *D. pinguis* und ihre Glieder sind ohne Fortsätze. Außerdem ist der Stirnfleck etwas größer.

Größe: ♀ 7-11 mm, ♂ 6-10 mm

Verbreitung: Nord- und Zentraleuropa, Sibirien, Mongolei, Tibet. Im Gebiet sehr selten.

Lebensraum: Flugsandgebiete.

Lebensweise: Wenig bekannt. Beutetiere sind Baumwanzen (Pentatomidae) und Schildwanzen (Scutelleridae).

Weitere Arten:

D. femoralis (Mocsáry, 1877): In den Alpen und Mittelgebirgen in Bayern, Thüringen und Sachsen.

D. freygessneri (Carl, 1920): Seltene Art; nur in den Alpen (Schweiz, Wallis) und den Pyrenäen gefunden, sowie am Ätna auf Sizilen und in der Türkei.

D. tricolor (Vander Linden, 1829): Eine S-SW-europäische Art bis Wien und Burgenland: in drei Unterarten auch in Griechenland, Türkei, Ungarn, Tschechien.

Dryudella pinguis ♂

Dryudella stigma ♀

Unterfamilie **Dinetinae** W. Fox, 1895
Gattung ***Dinetus*** Panzer, 1906

Von 8 paläarktischen Arten kommt nur eine im Gebiet vor.

Dinetus pictus (Fabricius, 1793)

Kennzeichen: Eine sehr lebhafte, buntgefärbte kleine Grabwespe mit rot und gelb geflecktem schwarzem Abdomen. Der Tarsenkamm ist bei beiden Geschlechtern gut ausgebildet. ♀: Auch der Kopf (Mandibeln, oberer Augenrand), Thorax und Beine sind weißgelb gezeichnet. ♂: Die mittleren Antennenglieder sind stark abgeplattet, der Kopf ist größtenteils gelb, das Abdomen ist fast ganz gelb, mit mehr oder weniger breiten, braunen Segmenträndern.

Größe: ♀ 6-9 mm, ♂ 5-6 mm

Flugzeit: Juni bis August

Verbreitung: Nordafrika, Süd- und Zentraleuropa bis Norddeutschland und Finnland. Im Süden ist sie stellenweise häufig, im Norden dagegen seltener.

Lebensraum: Die Art hat ein sehr großes Wärmebedürfnis und bewohnt daher heiße, sonnendurchglühte Sandflächen, Böschungen, Silbergrasfluren und windgeschützte, sandige Wege an Waldrändern.

Lebensweise: Beim Nestbau sammelt das Weibchen kleine Portionen des durch Scharren in der Neströhre gelösten Sandes zwischen den Vorderbeinen und trägt ihn im schräg aufwärts gerichteten Rückwärtsflug 15-20 cm vom Nesteingang weg, um ihn in der Luft fallen zu lassen. Die Wespe kehrt dann blitzschnell auf der gleichen Bahn im Vorwärtsflug zum Nest zurück, um den Vorgang in kurzen Abständen mehrfach zu wiederholen. Der 6-7 cm lange Nestgang führt zu mehreren Larvenkammern, die mit Nymphen, seltener Imagines, von Sichelwanzen (Nabidae) gefüllt werden.

Dinetus pictus ♂

Dinetus pictus ♀

Unterfamilie **Crabroninae** LATREILLE, 1802
Tribus Larrini LATREILLE, 1810
Subtribus Larrina LATREILLE, 1810
Gattung ***Liris*** FABRICIUS, 1804

Von 6 mediterranen Arten kommt nur eine Art im Gebiet vor.

Liris niger (FABRICIUS, 1775)

Kennzeichen: Eine mittelgroße, schwarze Grabwespe. Die Tergite des Abdomens tragen eine anliegende, feine und dichte Behaarung. Sie ähnelt Wegwespen (Pompilidae).

Größe: ♀ 9-13 mm, ♂ 7-9 mm

Verbreitung: Südeuropa bis Österreich, Tschechien, Ungarn, Süddeutschland. Letzter Fund am Kaiserstuhl 1967.

Lebensraum: Warme Sand- und Lößbiotope.

Lebensweise: Das Nest wird häufig in Hohlräumen im Boden und in verlassenen Hymenopterennestern angelegt. Der Zugang zu den Zellen wird mit Erdbrocken und herbeigetragenen Pflanzenteilen verschlossen. Beutetiere sind verschiedene Arten von Grillen (Gryllidae).

Gattung ***Larra*** (FABRICIUS, 1793)

In Europa kommt nur eine Art vor.

Larra anathema (ROSSI, 1790)

Kennzeichen: Die Tiere sind schwarz gefärbt, nur die Hinterleibsbasis ist braunrot, die Flügel sind stark verdunkelt. Beim Weibchen sind die Tergite fein punktiert und stark glänzend, seitlich mit kleinen Filzflecken. Das letzte Tergit mit Pygidialfeld. Beim Männchen ist das Abdomen weniger glänzend, der Endrand der Tergite trägt schmale Filzbinden.

Größe: ♀ 16-23 mm, ♂ 12-17mm

Lebensweise: Das Weibchen jagt vorwiegend die Nymphen von Maulwurfsgrillen (*Gryllotalpa*), die sie in ihren Gängen aufspürt und an die Oberfläche treibt. Durch einen Stich nur kurz gelähmt und mit einem Ei behaftet, gräbt sich die Grille bald wieder ein und wird von der schlüpfenden Wespenlarve aufgezehrt. Als Beute kommen aber auch größere kurzflügelige Laubheuschrecken (Tettigoniidae) in Frage.

Verbreitung: Mittelmeerraum, Nordafrika, nördlich der Alpen liegen nur wenige, meist ältere Funde vor, zuletzt 1977 in Baden-Württemberg.

Liris niger ♂

Larra anathema ♀

Subtribus Gastrosericina André, 1886
Gattung *Tachytes* Panzer, 1806

Im Unterschied zur ähnlichen Gattung *Tachysphex* sind das Pygidialfeld der Weibchen und das 7. Abdominaltergit der Männchen anliegend kurz behaart. Die hinteren Ocellen sind schmal und sichelförmig.

Tachytes panzeri Dufour, 1841

Kennzeichen: Eine große, etwas plumpe, stärker behaarte Grabwespe. Die ersten beiden Hinterleibsegmente sind lebhaft rot gefärbt, die übrigen schwarz mit silbrigen Seitenflecken.

Größe: ♀ 12-16 mm, ♂ 10-14 mm

Flugzeit: Mai bis August

Verbreitung: Nordwest-Afrika, Europa, West- und Zentralasien. Von etwa 7 mediterranen Arten dringt *Tachytes panzeri* am weitesten nach Mitteleuropa bis nach Österreich, in die Schweiz, Deutschland, Polen und die Niederlande vor. Sie kommt überall nur in den sogenannten Wärmeinseln vor, ist aber auch hier stets selten und mancherorts bereits verschwunden. In den letzten Jahren scheint sich der Bestand wieder zu erholen und auszubreiten.

Lebensraum: Warme, trockene Sandgebiete.

Lebensweise: Die Weibchen nisten zuweilen gesellig im Sandboden und tragen Heuschrecken der Gattungen *Stenobothrus* und *Oedipoda* als Larvennahrung ein.

Weitere Arten:

Tachytes obsoletus (Rossi, 1792): Die Tibien und Tarsen sind rot. Frühere Vorkommen der mediterranen Art in Brandenburg, Berlin, Österreich und Schweiz.

Tachytes etruscus (Rossi, 1790): ein Fund 1957 am Neusiedler See, Österreich.

Tachytes panzeri ♂

Tachytes panzeri ♂

Mittelgroße, schwarze Grabwespen ohne Hinterleibstiel. Bei vielen Arten ist die Abdomenbasis rot gefärbt. Die Mitteltibia trägt nur einen Sporn. Die hinteren Ocellen sind verlängert und flach, sie sind vom vorderen Ocellus um mehr als ihre Länge getrennt. Das Pygidialfeld der Weibchen und das 7. Tergit des Männchens sind unbehaart. Insbesondere die ganz schwarzen Arten sind sich sehr ähnlich und nur schwer zu bestimmen. Die Arten nisten im Sandboden. Das Nest besteht meist aus mehreren Zellen. Ihre Beutetiere sind Heuschrecken, eine Art (*T. obscuripennis*) jagt Schaben (Blattaria). Die Gattung ist mit etwa 40 Arten in Südeuropa vertreten.

Tachysphex obscuripennis (Schenck, 1857)

Kennzeichen: Die Abdomenbasis ist rot, die Beine sind schwarz, die Vordertibien sind innen rotbraun. Die Flügel erscheinen leicht geschwärzt. ♀: Der Mittellobus des Clypeus ist breit, mittig leicht eingebuchtet. Das Mesonotum ist dicht punktiert und wenig glänzend. Die Mesopleuren sind deutlich chagriniert und schwach punktiert. Das Propodeum ist seitlich gestreift. Das 4. Glied der Hintertarsen ist breiter als lang und am Ende stumpfwinklig ausgeschnitten. ♂: Die kurze Behaarung des Propodeums ist nach hinten gerichtet. Die Gesichtsbehaarung ist goldglänzend, bei kleinen Exemplaren silbrig.

Größe: ♀ 8,5-10 mm, ♂ 6-8 mm

Flugzeit: Juni bis August

Verbreitung: Europa, Türkei. Im Süden meist nicht selten.

Lebensraum: Sandgebiete, geschützte Waldränder, in den Mittelgebirgen bis 800 m NN.

Lebensweise: *T. obscuripennis* ist die einzige einheimische *Tachysphex*, die nicht Heuschrecken, sondern Schaben (Blattaria), vorwiegend der Gattung *Ectobius* als Beute einträgt. Diese werden beim Transport mit den Mandibeln an den Antennen gehalten, im Flug auch mit den Beinen.

Tachysphex obscuripennis ♂

Tachysphex obscuripennis ♀

Tachysphex pompiliformis (Panzer, 1804)

Kennzeichen: Die Hinterleibsbasis ist rot. Die kurze Behaarung auf dem Propodeum ist nach vorne gerichtet. ♀: Der Clypeus ist gewölbt, sein Vorderrand ist konvex, an jeder Seite mit einer Abstufung. Die Beine sind schwarz, nur die letzten Tarsenglieder sind rötlich. ♂: Der Vorderrand des Clypeus ist in der Mitte schwach konvex, an den Seiten konkav und gewinkelt. Die Gesichtsbehaarung ist silbrig mit leichtem Goldschimmer.

Größe: ♀ 7-10 mm, ♂ 5,5-8 mm

Flugzeit: Juni bis September

Verbreitung: Nordafrika, Europa, bis Skandinavien und in die Mongolei.

Lebensraum: Die wenig kälteempfindliche Art bewohnt vor allem lichte Eichen-Kiefernwälder, Waldränder, Kahlschläge, Moorheiden, Trockenrasen. In den Alpen steigt sie bis 2200 m Höhe, in den Mittelgebirgen bis 900 m.

Lebensweise: Das Nest wird auf sandigem oder auch lehmigem Grund angelegt. Der Nestgang ist mit 5-6 cm sehr kurz, die einzige (selten mehr) Zelle liegt nur etwa 3 cm tief. Ein Nest kann innerhalb von 15-18 Minuten fertiggestellt sein. Bis zum Verschluss des Nestes nach der Verproviantierung mit 8-10 meist sehr kleinen Heuschreckenlarven und der Eiablage, werden vom Baubeginn an lediglich etwa 40 Minuten benötigt.

Tachysphex psammobius (Kohl, 1880)

Kennzeichen: Die etwas kleinere Art ist *T. pompiliformis* sehr ähnlich. ♀: Der Mittellobus des Clypeus ist in der Mitte leicht vorgezogen, die Ecken sind einfach, ohne Abstufung. Der glänzende, punktierte Vertex ist breiter und die Behaarung länger als bei *T. pompiliformis*. Die Flügel sind weniger getrübt. ♂: Der Vorderrand des Clypeus ist leicht vorgezogen, ohne deutliche Ecken. Sonst wie ♀.

Größe: ♀ 6-7,5 mm, ♂ 4,5-6,5 mm

Flugzeit: Mai bis August

Verbreitung: Mittelmeergebiet, Zentraleuropa, Kleinasien bis Kasachstan.

Lebensraum: Warme Flugsandgebiete und windgeschützte Waldränder, dringt in den Alpen aber bis 2000 m Höhe vor.

Lebensweise: Die Art erscheint als eine der ersten Grabwespen bereits Anfang Mai. Über Nestbau und Beute ist nichts bekannt.

Tachysphex pompiliformis ♂

Tachysphex pompiliformis ♀

Tachysphex unicolor (PANZER, 1909)

Kennzeichen: Die ganz schwarze Art kann von den ähnlichen schwarzen *Tachysphex* (*T. helveticus, nitidus, panzeri, tarsinus*) nur mit dem Schlüssel getrennt werden.

Größe: ♀ 7-11 mm, ♂ 6-9 mm

Verbreitung: Mittelmeergebiet, Zentraleuropa. In Deutschland eine seltene Art.

Lebensraum: Die sehr wärmeliebende Art bevorzugt sandige Eichen-Kiefernwälder, Löß- und Lehmböden. Sie wird auch an alten Mauern und in Felsfluren angetroffen.

Lebensweise: Die Art nistet im Boden und trägt Larven von Feldheuschrecken als Beute ein.

Weitere Arten:

Tachysphex austriacus KOHL, 1892: Sehr ähnlich *T. pompiliformis*. In Deutschland erst seit kurzem aus dem Südwesten und aus Brandenburg bekannt.

Tachysphex brullii (F. SMITH, 1856): Wenige, meist ältere Funde der mediterranen Art in Österreich, Schweiz, Slowakei, Rumänien.

Tachysphex fugax (RADOSZKOWSKI, 1877): Ein neuer Fund aus Österreich (Steiermark).

Tachysphex consocius KOHL, 1892 (=*Tachysphex grandii* DEBEAUMONT, 1965): Eine schwarze, südeuropäische Art mit rötlichen Tarsen. Südeuropa, nördlich bis Österreich, Tschechien, Slowakei, Ungarn, Südrussland.

Tachysphex fulvitarsis (A. COSTA, 1867): Eine wärmeliebende, seltene Art mit roter Hinterleibsbasis.

Tachysphex helveticus KOHL, 1885: Eine wärmeliebende, seltene, ganz schwarze südeuropäische Art, nördlich bis Österreich und Süddeutschland.

Tachysphex nitidus (SPINOLA, 1805): Mehr im Norden verbreitete schwarze Art, die *T. unicolor* sehr ähnlich ist und lange mit ihr vermengt wurde.

Tachysphex panzeri (Van der Linden, 1829): Eine seltene mediterrane Art mit rotbrauner Hinterleibsbasis und hellen Mandibeln beim ♀. Das ♂ ist meist ganz schwarz, es fällt durch die grün schillernden Augen auf. Neuere Funde wurden vor allem von den Dünen der Ostsee und den Sandgebieten Brandenburgs bekannt.

Tachysphex tarsinus (LEPELETIER, 1845): Die von Nordafrika über Zentraleuropa bis China verbreitete schwarze Art wurde vereinzelt in Deutschland, Österreich und in der Schweiz gefunden.

Tachysphex unicolor ♀

Tachysphex panzeri ♂

Tribus Palarini Schottky, 1909
Gattung *Palarus* Latreille, 1806

Palarus variegatus (Fabricius, 1781)

Der Hinterleib der 10-14 mm großen Wespen ist gelb gebändert, das letzte Segment beim ♀ ist zugespitzt, beim ♂ gabelförmig. Die 2. Submarginalzelle ist kurz gestielt. Die Weibchen nisten im Boden, ihre Beutetiere sind verschiedene Hautflügler wie Bienen, Wespen, Grabwespen, Ameisen. Die mediterrane Art erreicht im Norden Österreich, Ungarn, Bulgarien.

Tribus Miscophini W. Fox, 1894
Gattung *Solierella* Spinola, 1851

Der Vorderflügel besitzt drei Submarginalzellen, die zweite ist gestielt. Von 5 mediterranen Arten kommt nur eine nördlich der Alpen vor.

Solierella compedita (Piccoli, 1869)

Kennzeichen: Die kleine schwarze Art ist durch die dichte Punktierung, die weißen Flecken auf Pronotum, den Pronotalloben, dem Metanotum und auf der Basis der Hintertibien gut charakterisiert.

Größe: ♀ + ♂: 3-5 mm

Flugzeit: Juni bis August

Verbreitung: Mediterrangebiet. Nördlich der Alpen und in Deutschland liegen nur vereinzelte Funde vor. Die Art scheint sich aber neuerdings weiter auszubreiten.

Lebensraum: Trockenheiße Sandbiotope, gut besonnte Muschelkalkwände.

Lebensweise: *Solierella compedita* nistet in Höhlungen und Fraßgängen anderer Insekten in Pflanzenstängeln, im Holz oder in der Erde. Als Larvennahrung werden 6-10 Nymphen von Bodenwanzen (Lygaeidae) sowie Baumwanzen (Pentatomidae) eingetragen.

Palarus variegatus ♂

Solierella compedita ♂

Der Vorderflügel besitzt zwei Submarginalzellen, die zweite ist gestielt. Die Augenränder konvergieren nach oben und nach unten. Die kleinen, meist dunkel gefärbten Grabwespen können nur mittels des Schlüssels bestimmt werden. Von 24 südeuropäischen Arten sind 7 nördlich der Alpen zu erwarten.

Miscophus ater Lepeletier, 1845

Kennzeichen: Der Körper ist schwarz. ♀: Gesicht und Mesonotum haben einen leichten Kupferglanz. Die Mandibeln sind rötlich gefärbt, außer der Spitze. (Bei *M. niger* sind die Mandibeln fast ganz schwarz). ♂: Ähnlich dem ♀, aber der Kupferglanz ist schwächer.

Flugzeit: Mai bis August

Größe: ♀ 4-5 mm, ♂ 3,5-4,5 mm

Verbreitung: Süd- und Zentraleuropa bis Finnland.

Lebensraum: Die Art lebt bevorzugt in Sand- und Dünengebieten, im Binnenland und an der Küste.

Lebensweise: Die Weibchen nisten im Sandboden, ihre Beutetiere sind kleine Spinnen aus den Familien Salticidae und Theridiidae.

Miscophus bicolor Jurine, 1807

Kennzeichen: Der Körper ist tief schwarz, die Hinterleibbasis ist in variabler Ausdehnung rot gefärbt. Die Mandibeln sind mittig rötlich. Die Mitte des Clypeus ist glänzend und dicht punktiert, die Stirn ist stark chagriniert und deutlich punktiert. Mesonotum, Scutellum und Mesopleuren sind seidig glänzend mit schwachem Kupferglanz. Das Propodeum ist neben einer Längsleiste unregelmäßig gerunzelt.

Größe: ♀ 5-7 mm, ♂ 4-5 mm,

Flugzeit: Mai bis September

Verbreitung: Nordafrika, Kleinasien, Zentraleuropa bis Norddeutschland. In warmen Sandgebieten, aber zumeist selten.

Lebensraum: Sandige sowie Löß- und Lehmböden, vor allem an Abbruchkanten, alten Weinberg- und Ziegelmauern, Molassefelsen.

Lebensweise: *M. bicolor* gräbt im Boden 2-5 cm tiefe, einzellige Nester. Als Larvenproviant werden 7-12 kleine Spinnen aus verschiedenen Gattungen eingetragen.

Miscophus ater ♀

Miscophus bicolor ♀

Miscophus concolor Dahlbom, 1845

Kennzeichen: Der Körper ist schwarz, die Hinterleibsbasis ist in geringerer Ausdehnung als bei *M. bicolor* rot gefärbt, häufig ist nur Tergit I rot gefleckt . Die Mandibeln sind bis auf die Spitze hellrot. Das Mittelfeld des Propodeums ist auf glänzendem Grund stärker gerunzelt, die Leisten sind vorwiegend nach hinten und außen gerichtet.

Größe: ♀ 4-5 mm, ♂ 3-4 mm

Verbreitung: Von Südeuropa bis Skandinavien.

Lebensraum: Warme Sandbiotope wie Dünen, Silbergrasfluren, geschützte Waldränder.

Lebensweise: Die Weibchen nisten in kleinen Gemeinschaften im Sandboden. Die paralysierten winzigen Spinnen werden mit den Kiefern gepackt zum Nest gebracht.

Weitere Arten:

Miscophus eatoni Saunders, 1903: Eine sehr seltene Art, bisher in Österreich und in der Schweiz gefunden. Sie breitet sich offenbar seit etwa 2005 von Westen her im Rheintal aus.

Miscophus niger Dahlbom, 1844: Eine kleine schwarze Art. Das Mittelfeld des Propodeums ist ohne deutlichen Mittelkiel.

Miscophus postumus Bischoff, 1922: Der Körper ist schwarzbraun, das 1. Abdominaltergit ist rotbraun. Die Innenseite des Fühlerschaftes und die Fühlerspitze sind weißgelb. Das Dorsalfeld des Propodeums weist eine dünne Längslinie und 7-9 Längsrippen auf chagriniertem, seidig glänzendem Grund auf. Vom Südwesten Russlands westlich bis Polen, Ungarn und Brandenburg verbreitet.

Miscophus spurius (Dahlbom, 1832): Der Körper ist schwarz, ähnlich *M. ater*. Das Mittelfeld des Propodeums ist stark glänzend mit deutlich schräg verlaufenden Rippen. Vor allem in Nord- und Zentraleuropa, weit zerstreut und selten.

Miscophus concolor ♀

Miscophus niger ♂

Die Flügeladerung der vorwiegend sehr kleinen, schwarzen Arten ist stark reduziert. Sie besitzen nur eine Submarginalzelle und eine nicht geschlossene Discoidalzelle. Die Hinterflügel sind nahezu ohne Adern. Die Antennen sind sehr tief angesetzt. Die Augen konvergieren nach oben. In Europa leben 6 Arten.

Nitela spinolae LATREILLE, 1809

Kennzeichen: Eine kleine schwarze Grabwespe mit leichtem metallischen Schimmer. Das Mittelfeld des Propodeums ist matt, zwischen den Längskielen chagriniert. Die Tergite I und II des Hinterleibs sind in der Mitte deutlich punktiert, die folgenden Tergite sind sehr fein punktiert.

Größe: ♀ + ♂: 3-4,5 mm.

Verbreitung: Weit verbreitet in Europa.

Lebensraum: Waldränder, Parks und Gärten.

Lebensweise: Das Nest wird in verlassenen Käferfraßgängen im Holz, aber auch im Mark von Brombeerranken errichtet. Das Nest enthält 1-5 Kammern, die mit mehr als 30 Blattläusen, Blattflöhen (Psyllina) oder Staubläusen (Psocoptera) verproviantiert werden.

Weitere Arten:

Nitela borealis VALKEILA, 1974: Die Dorsalfläche des Propodeums ist glänzend mit unregelmäßigen Längsrippen. Die Dorsalfläche der Tergite I und II ist nur schwach und zerstreut punktiert, die folgenden Tergite sind kaum erkennbar punktiert. Beutetiere sind ausschließlich Staubläuse (Psocoptera).

Nitela fallax KOHL, 1884: Die in Europa verbreitete, wärmeliebende Art wurde nur an klimatisch begünstigten Stellen in Österreich, Schweiz, Süddeutschland, Brandenburg und Sachsen gefunden. Die Beutetiere sind unbekannt.

Nitela lucens GAYUBO & FELTON, 2000. Die neu beschriebene Art wurde an Wärmestandorten in Rheinland-Pfalz und Hessen nachgewiesen.

Nitela truncata GAYUBO & FELTON, 2000. Auch diese wärmeliebende neue Art wurde in Rheinland-Pfalz sowie in Mittelfranken nachgewiesen.

Nitela spinolae ♀

Nitela truncata ♀

Die Arten der Gattung *Trypoxylon* besitzen einen langgestreckten, schwarzen Körper, nur eine Submarginalzelle im Vorderflügel und eine kräftige, nierenförmige Ausrandung der inneren Augenränder. Die beiden weit verbreiteten und häufigen Arten *T. attenuatum* und *T. figulus* wurden erst 1945 (De Beaumont) und 1991(Antropov) in weitere Arten aufgeteilt. Diese sind auch mittels des Schlüssels meist nur schwer zu trennen.

Trypoxylon attenuatum F. Smith, 1851

Kennzeichen: Das erste Segment des Hinterleibs ist nahezu ebenso lang wie die beiden folgenden Segmente zusammen. Der Augenabstand ist am Vertex deutlich größer als am Clypeus. ♀: Der Clypeus ist apikal schwach zweizähnig. ♂: Das letzte Antennenglied ist so lang wie die 4 vorhergehenden zusammen.

Größe: ♀ 7-10 mm, ♂ 6-8 mm

Flugzeit: Mai bis September

Verbreitung: Von Nordafrika über Europa bis Skandinavien und große Teile Asiens.

Lebensraum: Die Art besiedelt sowohl warme und trockene als auch feuchte Gebiete. Sie ist überall nicht selten.

Lebensweise: Die Weibchen nisten in Brombeerranken, Schilfhalmen, Dachstroh und *Lipara*-Gallen im Schilf, häufig auch in den Bohrungen künstlicher Nisthilfen aus Holz. Die dünnen Trennwände zwischen den Zellen, wie auch der Nestverschluss, werden aus herbeigetragener feuchter Erde errichtet. Die bis zu 7 Zellen von 7-8 mm Länge werden mit 4-6 kleinen Spinnen aus unterschiedlichen Arten und Familien versorgt. Die ausgewachsene Larve spinnt einen für alle *Trypoxylon* typischen langgestreckten, hellbraunen Kokon.

Von *Trypoxylon attenuatum* abgeleitete Arten:

Trypoxylon beaumonti Antropov, 1991: Die Occipitalleiste an der Unterseite des Kopfes ist höher. Die Zähne und Ecken am Vorderrand des Clypeus sind beim ♀ deutlicher. Kopf und Thorax mit längerer Behaarung. Die vorderen Tibien haben kleine, rotbraune Flecken.

Trypoxylon deceptorium Antropov, 1991: ♀: Die Mandibelbasis ist rotbraun. ♂: Das letzte Antennenglied ist länger und schlanker. Der Bau des männlichen Genitals ist anders. Nistet in *Lipara*-Gallen im Schilf.

Trypoxylon attenuatum ♂

Trypoxylon attenuatum ♀ mit Kokon im Nest

Trypoxylon figulus LINNAEUS, 1758

Kennzeichen: Sie ist die größte, ganz schwarze Art. Das erste Segment des Abdomens ist viel kürzer als die beiden folgenden Segmente zusammen. Der Augenabstand am Vertex ist etwa gleich dem Abstand am Clypeus. Die Behaarung der Mesopleuren ist länger als der Durchmesser des vorderen Ocellus. Beim ♀ ist der Clypeus kräftig punktiert, der Clypeusvorderrand ist an den Seiten ausgebuchtet und der Mittellobus ist rechteckig.

Größe: ♀ 9-12 mm, ♂ 7-10 mm

Flugzeit: Mai bis September

Verbreitung: Paläarktis bis Kanada und Nordost-USA. Vor allem im Norden verbreitet und häufig.

Lebensraum: Die Art besiedelt trockene wie auch feuchte Gebiete und ist auch in menschlichen Siedlungen häufig anzutreffen.

Lebensweise: Das Nest wird in alten Pfosten, Schilfhalmen, Dachstroh und in den markhaltigen Stängeln von *Rubus* und Holunder angelegt. Die Zellen sind in der Regel für männliche Nachkommen mit durchschnittlich 6,8 mm kürzer als die für die Weibchen mit 8,2 mm. In jede Zelle werden 2-22, im Mittel 10 Spinnen aus verschiedenen Familien eingetragen. Es sind mehrere Generationen pro Jahr möglich.

Von *Trypoxylon figulus* abgeleitete Arten:

Trypoxylon medium DE BEAUMONT, 1945: Der Vorderrand des Clypeus ist beim Weibchen seitlich leicht konkav und der Mittellobus ist trapezförmig. Beim Männchen ist das letzte Antennenglied nur so lang wie die beiden vorletzten Glieder zusammen.

Trypoxylon minus DE BEAUMONT, 1945: Die mit 6-10 mm meist kleinere Art der Gruppe ist an dem kurzen, nach hinten gerichteten Fortsatz hinter den Vordercoxen zu erkennen.

Trypoxylon figulus ♂

Trypoxylon figulus, Larve

Trypoxylon clavicerum Lepeletier & Serville, 1828

Kennzeichen: Die Vordertibien und Tarsen sind größtenteils gelb gefärbt, der Clypeus ist deutlich zweizähnig.

Größe: ♀ 5-7 mm, ♂ 4-6 mm

Verbreitung: Nordafrika, Europa bis Skandinavien, in Asien bis Japan.

Lebensraum: Die Art bewohnt verschiedene Biotope, sie ist häufig auch in Parks und Gärten anzutreffen.

Lebensweise: Die Weibchen nisten in hohlen Stängeln, Schilf- und Strohhalmen, in Insektenfraßgängen in Holzbalken an Gebäuden sowie in Molasse und Sandsteinmauern. Die 1-6 Zellen werden mit zahlreichen kleinen Spinnen verproviantiert.

Weitere Arten:

Trypoxylon fronticorne Gussakovskij, 1936: Bei der seltenen und schwer zu bestimmenden Art ist der Kiel oberhalb der Fühlerbasen stärker ausgebildet als bei den anderen Arten.

Trypoxylon kolazyi Kohl, 1893: Die nur bis 6 mm große, seltene Art mit ebenfalls gelb gezeichneten Vorderschienen unterscheidet sich von *T. clavicerum* durch den schwächer zweizähnigen, beim Männchen dreizähnigen, Vorderrand des Clypeus.

Trypoxylon kostylevi Antropov, 1985: Ähnlich T. *clavicerum*, aber das Propodeum ist nur im vorderen Drittel deutlich schräg gestreift. Vor allem in Osteuropa bis zum Rhein verbreitet.

Trypoxylon scutatum Chevrier, 1867: Die wärmeliebende mediterrane Art wurde früher nur am Kaiserstuhl und bei Karlsruhe nachgewiesen. Sie ist durch das glänzende Mesonotum und die von Leisten umgrenzte schildförmige Erhöhung auf der Stirn leicht zu erkennen.

Gattung *Pison* Jurine, 1808

3 Submarginalzellen, die 2. ist gestielt, die Augenränder sind deutlich eingebuchtet, von gedrungener Gestalt. In Europa drei Arten, eine Art in D.

Pison atrum (Spinola, 1808): Körper ganz schwarz und glänzend, die Terga leicht eingeschnürt, 7-9 mm. Ein älterer Fund in Österreich, in Frankreich weiter verbreitet. Seit 2004 (Konstanz), 2005 (Stuttgart) und 2007 in Sachsen eingewandert oder eingeschleppt. Die Holzbewohner jagen kleine Spinnen.

Trypoxylon clavicerum ♂

Trypoxylon kostylevi ♀

Tribus Oxybelini Leach, 1815
Gattung *Oxybelus* Latreille, 1796 – **Fliegenspießwespen**

Oxybelus-Arten sind zumeist kleine, gedrungene, 4-11 mm große Grabwespen, häufig mit gelb oder weißlich gezeichnetem Hinterleib. Die beiden einzigen Submarginal- und Discoidalzellen im Vorderflügel sind miteinander verschmolzen. Zwei lappenartige, meist transparente Fortsätze seitlich des Schildchens und ein langer, nach hinten gerichteter, rinnenförmig ausgehöhlter Fortsatz (Mucron) des Propodeums sind charakteristisch. Der Clypeusrand ist beim Männchen vorne dreizähnig, beim Weibchen finden sich meist nur zwei kleinere, seitliche Zähne. Die Arten nisten im Sandboden, wo sie in 6-10 cm Tiefe ein- oder mehrzellige Nester errichten. Die Beutetiere sind ausschließlich Fliegen (Diptera) aus sehr unterschiedlichen Familien. Die Wespe belässt nach dem lähmenden Stich ihren Giftstachel in der Unterseite des Thorax ihres Opfers und befördert dieses, solcherart an ihrem Körperende aufgespießt, fliegend zum Nest. Eine große Variationsbreite körperlicher Merkmale macht die genaue Bestimmung vielfach schwierig, sie führte bei einigen Arten zur Unterteilung in Subspezies.

Oxybelus argentatus Curtis, 1833

Kennzeichen: Kopf, Thorax und Abdomen sind mit dichter, silberglänzender, kurzer Behaarung besetzt. Die Mandibeln sind beim ♀ gelbrot, beim ♂ dunkler gefärbt. Die Beine sind beim ♀ vorwiegend rot mit etwas gelb, beim ♂ sind Femur und Tibien vorwiegend gelb und schwarz, die Tarsen gelbrot gefärbt. Der Pronotallobus und der Lamellenzwischenraum sind gelb.

Größe: ♀ 7-10,5 mm, ♂ 5-7 mm

Flugzeit: Juni bis August

Verbreitung: Zentraleuropa. Die Art bildet etwa sechs geographische Rassen, die z. T. als Unterarten aufgefasst werden.

Die im Süden von Deutschland verbreitete Unterart *O. argentatus gerstaeckeri* Verhoeff 1948 ist in den nordbayerischen Sandgebieten stark rückläufig.

Lebensraum: *O. argentatus* ist ein typischer Sandbewohner mit hohem Wärmebedürfnis.

Lebensweise: Die Nester werden meist auf ebener Fläche in 6-8 cm Tiefe im Sandboden gegraben. Die Weibchen jagen ausschließlich Stilettfliegen der Gattung *Thereva*, wovon bis zu 5 Exemplare pro Zelle eingetragen werden.

Oxybelus argentatus ♂

Oxybelus argentatus ♀

Oxybelus bipunctatus Olivier, 1811

Kennzeichen: Die kleine Art ist an dem herzförmigen, glatten, erzfarbenen Abdomen gut zu erkennen. Die Tergite I, manchmal auch II, tragen beim Weibchen seitlich je einen kleinen gelben Fleck. Beim Männchen ist das Abdomen reicher gelb gezeichnet.

Größe: ♀ 4-6 mm, ♂ 3-5 mm

Flugzeit: Juni bis September

Verbreitung: Von Südeuropa bis Südfinnland, fehlt aber in England, Schweden und Norwegen. In Asien vom südlichen Sibirien bis Japan sowie im Osten von Kanada und im Nordosten der USA.

Lebensraum: Die Art ist vor allem in den Sandgebieten und im Keuper weit verbreitet und meist nicht selten. Sie bevorzugt sandigen Untergrund an warmen Böschungen, Waldrändern, Magerrasen, Silbergrasfluren und Ruderalflächen. Im Siedlungsbereich nistet sie auch zwischen Pflastersteinen.

Lebensweise: Das Nest besteht aus einer einzigen Zelle in 6-13 cm Tiefe. Diese wird mit kleineren Fliegen aus sehr unterschiedlichen Familien, meist aber Muscidae verproviantiert. Die Beute wird stets auf dem Stachel aufgespießt transportiert.

Oxybelus bipunctatus ♂

Oxybelus bipunctatus ♀

Oxybelus haemorrhoidalis OLIVIER, 1812

Kennzeichen: Eine ziemlich kleine, reichlich gelb gezeichnete Art mit rotem Analsegment beim ♀. Die Ausdehnung der Gelbfärbung ist sehr variabel und führte zur Beschreibung mehrerer Formen. ♀: Der Tarsenkamm ist lang, der apikale Dorn des Basistarsus ist deutlich länger als das Tarsenglied II. Die Femora sind schwarz mit gelben Streifen, die Tibien sind außen rot mit gelben Flecken. ♂: Der mittlere Zahn des Clypeus ist oben nicht kielartig, sondern breit abgerundet, flach und fast unbehaart. Der apikale Dorn des Basistarus ist ebenso lang wie Tarsenglied II. Die Tibien sind außen gelb, innen gebräunt, das Analsegment ist schwarz.

Größe: ♀ 5-7 mm, ♂ 5-6 mm

Verbreitung: Von Nordafrika über Süd- und Zentraleuropa, in Asien bis Afghanistan und die Mongolei. Das Vorkommen der mediterranen Art ist in Deutschland auf die warmen Sandgebiete, vorwiegend in Brandenburg, Nordbayern und im Oberrheingraben beschränkt.

Lebensraum: Gut besonnte, warme Flugsanddünen und Silbergrasfluren.

Lebensweise: Die Weibchen graben bevorzugt im harten Boden ein etwa 7 cm tiefes Nest mit einer einzigen Larvenkammer. Diese wird mit 4-5 Fliegen (Muscidae) verproviantiert.

Oxybelus trispinosus (FABRICIUS, 1787)

Kennzeichen: Die Art ist durch die schwarzen Mandibeln und Beine und das schwarze, gelb gefleckte Abdomen gut gekennzeichnet. Beim ♀ sind nur die Tibien I vorne braun gefärbt, beim ♂ sind Femora und Tibien ausgedehnt gelb gefleckt. Die letzten Tergite des ♂ sind ohne Seitenzähnchen.

Größe: ♀ 6-8 mm, ♂ 5-7 mm

Flugzeit: Juni bis August

Verbreitung: Europa, vorwiegend Zentraleuropa. Besiedelt auch die Alpen bis 2000 m NN und die Mittelgebirge.

Lebensraum: Die anspruchslose Grabwespe kommt sowohl auf sandigen als auch auf lehmigen Böden sowie in Laubwäldern vor.

Lebensweise: Der etwa 5 cm lange Nestgang verzweigt sich meist in zwei Arme, wovon jeder in eine Zelle mündet. Die erbeuteten Fliegen aus mehreren Familien werden ebenfalls am Stachel transportiert.

Oxybelus haemorrhoidalis ♀

Oxybelus trispinosus ♂

Oxybelus uniglumis (Linnaeus, 1758)

Kennzeichen: Die Art ist durch die roten Beine und die weißen Abdomenflecke gut zu erkennen.

Größe: ♀ 6-8 mm, ♂ 4,5-6,5 mm

Verbreitung: Das Verbreitungsgebiet der holarktischen Art erstreckt sich von Europa über das südliche Sibirien bis Kanada und Alaska. In den USA breitet sie sich südlich entlang der Atlantikküste bis Mexiko aus. In Europa besiedelt die weniger kälteempfindliche Art auch die Mittelgebirge bis 750 m NN, nach Süden zu wird sie seltener. In Deutschland ist *O. uniglumis* weit verbreitet und stellenweise die häufigste Fliegenspießwespe.

Lebensraum: Die Art nistet in allen Böden, selbst zwischen Pflastersteinen und auf Bauschutt.

Lebensweise: Die einzige Zelle liegt am Ende eines 5-8 cm langen Ganges in etwa 4 cm Tiefe. Es werden 4-12 Fliegen aus verschiedenen Familien eingetragen, doch besteht bei den einzelnen Weibchen die Tendenz, sich auf eine oder nur wenige Fliegenarten zu spezialisieren.

Weitere Arten:

Oxybelus dissectus Dahlbom, 1845: Eine sehr seltene, südliche Art, in Deutschland und Österreich keine aktuellen Nachweise.

Oxybelus latidens Gerstaecker, 1867: Eine sehr seltene, zentral- und osteuropäische Art. Nach 1911 erstmals wieder 2008 in Brandenburg nachgewiesen.

Oxybelus latro Olivier, 1811: Eine seltene, mediterrane Art, sie ist aus Süddeutschland verschwunden. Neue Funde dagegen in Brandenburg und in der Lausitz.

Oxybelus lineatus (Fabricius, 1787): Vier gelbe Längsstreifen kennzeichnen die selten gefundene, südliche Art. Keine aktuellen Nachweise in Deutschland.

Oxybelus mandibularis Dahlbom, 1845: ♂ ähnlich *O. haemorrhoidalis*, aber die Sternite III-VI sind bindenartig behaart. Die ♀ sind zwischen den Lamellen schwarz, die Borstenreihe der Vordertibien ist lang. Zerstreut in den Sandgebieten vorkommend.

Oxybelus mucronatus (Fabricius, 1793): Eine sehr wärmebedürftige, seltene Art. Neuere Funde wurden aus Österreich sowie aus Berlin/Brandenburg, Heidelberg und vom Oberrhein bekannt.

Oxybelus quattuordecimnotatus Jurine, 1807: Die nur 4-6 mm große, mediterrane Art kommt vor allem in der Rheinebene, in Nordbayern und sehr zerstreut bis zu den Küsten von Nord- und Ostsee vor.

Oxybelus variegatus Wesmael, 1852: Die Vorkommen der wärmeliebenden, mediterranen Art liegen an wenigen Stellen in warmen Sand- und Lößgebieten, u. a. am Kaiserstuhl, in Nordbayern, in Berlin/Brandenburg und in Sachsen.

Gattung *Belomicrus* A. Costa, 1871

Ähnlich *Oxybelus*, der Propodeumdorn ist aber viel kleiner, das Abdomen ist ganz schwarz, die ersten 3 Tergite sind seitlich gekielt.

Belomicrus italicus A. Costa, 1866: Sie ist die einzige von 27 paläarktischen Arten, die bis Österreich vordringt.

Oxybelus uniglumis ♂

Oxybelus mandibularis ♂

Tribus Crabronini Latreille, 1801
Subtribus Anacrabronina Ashmead, 1899
Gattung ***Entomognathus*** Dahlbom, 1844

Die mit 42 Arten weltweit (ausgenommen Australien) verbreitete Gattung wird in Westeuropa durch vier, in Deutschland und Schweiz nur durch eine Art vertreten.

Entomognathus brevis (Van der Linden, 1829)

Kennzeichen: Eine kleine, gedrungen wirkende schwarze Art mit großem Kopf. Gelb sind Pronotallobus, Scapes und Tibien. Die Ocellen bilden ein ungleichseitiges, flaches Dreieck. Von der ähnlichen Gattung *Lindenius* ist sie durch die gleichmäßig mit kurzen Haaren bedeckten Augen und einem kleinen Außenzahn an der Mandibel, nahe der Basis, zu unterscheiden.

Größe: ♀ 4-5,5 mm, ♂ 3-5 mm

Flugzeit: Juni bis September

Verbreitung: Von Nordafrika über Zentralasien bis Nordchina und Japan. In Europa ist sie von Spanien bis zu den Skandinavischen Ländern verbreitet.

Lebensraum: Die Art lebt vor allem in den größeren Sandgebieten, sie ist aber nicht überall häufig.

Lebensweise: Die Weibchen nisten meist gesellig auf ebenen Flächen sowie an steilen, sandigen und lehmigen Böschungen von Hohlwegen. Manchmal wird über dem Nesteingang ein ziemlich dauerhafter Kamin von 10-25 mm Höhe aus zusammengeklebten Erdklümpchen errichtet, ähnlich den Röhren um den Nesteingang bei manchen solitären Faltenwespen (Eumenidae). Die Neströhre verläuft steil bis in 6-12 cm Tiefe, wo sie sich wurzelartig verzweigt und in 6-10 Zellen endet. Diese werden mit 14-24 kleinen Blatthornkäfern (Chrysomelidae), meist aus der Unterfamilie Erdflöhe (Halticinae), versorgt.

Weitere Art:

Entomognathus dentifer (Noskiewicz, 1920):

Einige ältere Nachweise der zentral- und südeuropäischen Art liegen aus Österreich, Tschechien, Ungarn, Rumänien und Bulgarien vor.

Entomognathus brevis ♂

Entomognathus brevis ♀

Subtribus Crabronina Latreille, 1802
Gattung *Lindenius* Lepeletier & Brullé, 1834

Kleine, gedrungene, dunkel gefärbte Grabwespen mit einer Submarginalzelle und einzähnigen Mandibeln. Die Ocellen bilden ein ungleichseitiges, flaches Dreieck. Im Unterschied zu *Entomognathus* sind die Augen nicht behaart. In Südeuropa leben 11 Arten, im Gebiet etwa fünf.

Lindenius albilabris (Fabricius, 1793)

Kennzeichen: ♀: Körper und Beine sind schwarz, ausgenommen die Vorderseite der Tibien I und die Basis der Tibien II und III. Die Behaarung der Unterseite der Femora ist kurz, der Clypeus ist ohne tiefe Ausschnitte an den Seiten. ♂: Gelb sind die Vorderseite des Scapus, das Pronotum, häufig der Pronotallobus, die Spitzen der Femora und der größte Teil der Tibien. Die Tibien II tragen am Ende ein Haarbüschel, der Metatarsus ist leicht gebogen.

Größe: ♀ 5-8 mm, ♂ 5-7 mm

Flugzeit: Juni bis September

Verbreitung: Europa bis Skandinavien, West- und Zentralasien.

Lebensraum: Die Art besiedelt verschiedene, gut besonnte Biotope wie Sandflächen, Feldwege, Magerrasen, Waldränder, gelegentlich auch Parks und Gärten. In manchen Jahren tritt sie besonders häufig in Erscheinung.

Lebensweise: Die Weibchen nisten meist in lockeren Gemeinschaften auf ebenen, schwach bewachsenen, in der Regel etwas härteren Böden. Das beim Nestbau ausgegrabene Material wird wie bei allen *Lindenius*-Arten nicht entfernt. Dadurch entstehen um die Nestöffnung auffallende kleine Sandhügel, mit einer breiten, trichterförmigen, zentralen Öffnung, in der die mit Beute anfliegende Wespe sehr rasch, kopfsprungartig, verschwindet. Vom Nestgang gehen mehrere Seitenäste ab, die jeweils zu einer ovalen Zelle führen. Die Beute wird im Flug mit den Beinen unter dem Körper gehalten. Unter bestimmten Bedingungen erscheint das Weibchen aber auch mit der am Stachel aufgespießten Beute am Nest. Als Beutetiere werden kleine Zikaden (Hemiptera) aus den Familien Capsidae und Miridae genannt. Es werden aber immer wieder auch kleine Fliegen wie Chloropidae oder Dolichopodidae als Beute festgestellt. Die Bevorzugung der einen oder anderen Beuteart ist regional verschieden.

Lindenius albilabris ♂

Lindenius albilabris ♀

Lindenius panzeri (VAN DER LINDEN, 1829)

Kennzeichen: Die Behaarung der Unterseite der Femora ist länger als bei *L. albilabris*, etwa so lang wie der Durchmesser des vorderen Ocellus. Das Dorsalfeld des Propodeums ist strichliert. ♀: Gelb gezeichnet sind Mandibeln, Scapus, Pronotallobus, Flecken auf dem Collare und Scutellum sowie der größte Teil der Tibien. Der Clypeus ist seitlich tief ausgeschnitten. ♂: Die Gelbfärbung ist weniger ausgedehnt. Das Mesonotum ist dicht punktiert.

Größe: ♀ 5-7 mm, ♂ 4-6 mm

Flugzeit: Juni bis September

Verbreitung: Vom nördlichen Mittelmeergebiet bis ins westliche Asien. Die Art fehlt in Skandinavien.

Lebensraum: Die wärmeliebende Art besiedelt vor allem Sand- und Lößgebiete und nistet auf vegetationsfreien Sandflächen, Halbtrockenrasen, sandigen Abbruchkanten, aber auch an lehmigen Wegböschungen und auf grasbewachsenen Feldwegen.

Lebensweise: Die Nestanlage gleicht derjenigen von *L. albilabris*. Um den Hauptgang gruppieren sich in 3-11 cm Tiefe bis zu 9 Zellen. Im Norden werden weniger Zellen errichet als im Süden, oft sind es dort nur zwei. Die Beute besteht aus kleineren Fliegenarten, vor allem Halmfliegen (Chloropidae). Die Beute wird im Flug zum Nest gebracht, normalerweise unter dem Körper und mit den Beinen gehalten. Wenn der Nesteingang blockiert ist und frei gescharrt werden muss, sticht die Wespe die Fliege erneut und behält sie am Stachel aufgespießt, um mit allen Beinen den Nesteingang frei zu graben bzw. sich damit abzustützen.

Lindenius panzeri ♂

Lindenius panzeri ♀

Lindenius pygmaeus armatus (Van der Linden, 1829)

Kennzeichen: Das Mesonotum ist fein und spärlich punktiert, das Dorsalfeld und die Seiten des Propodeums sind glatt und nicht strichliert. ♀: Der Clypeus ist leicht gebogen, der Rand fast gerade, an beiden Seiten tief ausgeschnitten.

Größe: ♀ 3,5-6 mm, ♂ 4-5,5 mm

Flugzeit: Juni bis September

Verbreitung: Die Unterart *armatus* ist in Mittel- und Osteuropa von den Pyrenäen bis England, Holland und Dänemark verbreitet. In Deutschland werden die warmen Sand- und Lößgebiete bevorzugt, sie ist in fast allen Bundesländern anzutreffen.

Lebensraum: Die kleine Wespe lebt an sonnigen, windgeschützten Stellen auf Sand oder Lehm. Sie gelangt über Parks und Gärten auch in den menschlichen Siedlungsbereich.

Lebensweise: Die Nester werden nach der für die Gattung typischen Art im sandigen oder lehmigen Boden gegraben. Der Nesteingang ist nur 2 mm breit und liegt in einer breiten, trichterförmigen Vertiefung des Nesthügels. Die Art verfügt über ein großes Beutespektrum. Es werden vor allem kleine Hautflügler (Hymenoptera) wie Erzwespen (Chalcidoidea), Brackwespen (Braconidae), Schlupfwespen (Ichneumonidae) und seltener Fliegen und Mücken (Diptera) gejagt.

Weitere Arten:

Lindenius subaeneus Lepeletier & Brullé, 1834: Eine sehr wärmebedürftige, südliche Art, die in Deutschland nur an wenigen klimatisch begünstigten Orten in Rheinland-Pfalz, im Oberrheingraben, in Mainfranken, Hessen und in Brandenburg gefunden wurde.

Lindenius mesopleuralis (F. Morawitz, 1890): Ein Fund 1955 am Neusiedler See in Österreich, weitere Funde in Rumänien, Bulgarien.

Lindenius parkanensis Zavadil, 1948: Tschechoslowakei, Ungarn, ein Fund 1953 am Neusiedler See in Österreich.

Lindenius pygmaeus armatus ♀

Lindenius albilabris ♀ beim Einflug

Rhopalum-Arten sind kleine, schlanke, schwarze Grabwespen, deren Hinterleib teilweise rot gefärbt ist. Auffällig ist das stielartig verlängerte, am Ende keulenartig erweiterte erste Hinterleibsegment.

Rhopalum clavipes (LINNAEUS, 1758)

Kennzeichen: ♀: Gelb sind Mandibel, Scapus, Pronotallobus, weitgehend die Spitzen der Femora I und II und die Basis von Tibia III. Ferner die Tibien I und II sowie die Tarsen II, teilweise auch die Coxen. Der Hinterleib ist ausgedehnt rotbraun gefärbt. Das Dorsalfeld des Propodeums ist glatt und stark glänzend. ♂: Die Gelbfärbung ist wie beim ♀. Der Hinterleib ist weniger rot gefärbt, meist nur das Ende von Tergit I und die Basis von Tergit II sowie das Sternum II. Das Propodeum ist weniger stark glänzend.

Größe: ♀ 5-6,5 mm, ♂ 4-5,5 mm

Flugzeit: Mai bis September

Verbreitung: Nord- und Zentraleuropa, Kaukasus, Mongolei, Japan, Nordamerika.

Lebensraum: Die Art lebt hauptsächlich an Waldrändern, auf Kahlschlägen und selbst an feuchteren und kühleren Stellen. Häufig bewohnt sie auch die Parks und Gärten der Städte.

Lebensweise: Die Weibchen nisten in den markhaltigen Stängeln verschiedener Pflanzen, in verlassenen Pflanzengallen, seltener in Insektenfraßgängen im Holz. Im Mark nagt das Weibchen leicht gewundene Gänge, von denen immer wieder bis zu 13 kurze Seitengänge abgehen, die jeweils in einer Zelle enden. Die Beute besteht aus Vertretern verschiedener Insektenordnungen. Am häufigsten werden Mücken (Diptera, Nematocera) und Staubläuse (Psocoptera) gejagt, daneben aber auch Blattläuse (Aphidina), Blattflöhe (Psyllidae) und Käfer (Coleoptera).

Rhopalum clavipes ♂

Rhopalum clavipes ♀

Rhopalum coarctatum (Scopoli, 1763)

Kennzeichen: ♀: Gelb sind Mandibel, Scapus, Pronotallobus, Trochanter, Tibien und Tarsen I und II. Die Hintertibien sind verdickt und dreifarbig: gelb an der Basis, in der Mitte schwarz, am Ende braun. Der Clypeus besitzt am Vorderrand ein Zähnchen. Die Hinterleibspitze ist rotbraun. ♂: Färbung der Beine und des Clypeus wie beim ♀. Die Unterseite der Fühlergeißel ist gelb. Das 4. Fühlerglied ist verbreitert und länger als das 5., dieses ist unten ausgeschnitten. Der Basistarsus I ist am Ende verbreitert, der Basistarsus II endet in einer Spitze.

Größe: ♀ 6-7,5 mm, ♂ 4,5-6,5 mm

Flugzeit: Mai bis August

Verbreitung: Außer dem Süden in ganz Europa, östlich über Zentralasien bis Japan. In Kanada und den USA wurde die Art vermutlich eingeschleppt.

Lebensraum: Waldränder, Kahlschläge, Feuchtgebiete mit Schilf, Ruderalflächen im Siedlungsbereich.

Lebensweise: Die Weibchen nisten in markhaltigen Zweigen sowie in morschen Stämmen und Ästen von Laubbäumen. Die Nestanlage kann bis zu 39 cm lang sein, enthält aber im Mittel nur 5-6 Zellen. Die Beute besteht sowohl aus kleinen Mücken (Nematocera) als auch aus höheren Fliegen (Brachycera), die im Flug, mit den Mittelbeinen gehalten, zum Nest gebracht werden. Vereinzelt werden auch Staubläuse (Psocoptera) und Netzflügler (Neuroptera) eingetragen.

Weitere Arten:

Rhopalum austriacum (Kohl, 1899): Eine seltene, zentraleuropäische Art, die ihre Nester vor allem in Käferbohrgängen in alten Holzbalken anlegt und Staubläuse (Psocoptera) einträgt. Aktuelle Funde sind, außer aus Österreich, nur aus Baden-Württemberg bekannt.

Rhopalum beaumonti Moczár, 1957: Die seltene, östliche Art wurde auf Sylt (vermutlich eingeschleppt) und in NW-Sachsen festgestellt, sowie in Österreich und Ungarn.

Rhopalum gracile Wesmael, 1852: Die Art nistet im Schilf und ist an Feuchtgebiete gebunden. Das erste Tergit des ♀ besitzt einen deutlichen Längskiel.

Rhopalum coarctatum ♂

Rhopalum gracile ♂

Gattung *Crossocerus* Lepeletier & Brullé, 1834

Crossocerus sind kleine bis mittelgroße, meist schwarze Grabwespen, einige besitzen gelbe Flecken auf dem Abdomen. Der Körper ist meist fein punktiert mit glatten, glänzenden Partien. Die Oberseite des Propodeums ist stets glatt und glänzend. Die Ocellen stehen in einem gleichseitigen Dreieck. Vielfach weisen die Männchen besondere Merkmale an den Antennen oder Beinen auf, die ihre Bestimmung erleichtern. Einige nisten im Boden, die meisten aber oberirdisch in Pflanzenstängeln oder im Holz. Die Beute besteht meist aus kleinen Mücken und Fliegen. Die Gattung ist überwiegend in der paläarktischen Region verbreitet und bevorzugt das kühlere Klima Zentral- und Nordeuropas. Die europäischen Arten der sehr artenreichen Gattung werden in 7 Untergattungen aufgeteilt.

Crossocerus annulipes (Lepeletier & Brullé, 1834)

Kennzeichen: ♀: Das schwarz gefärbte Weibchen ist an den beiden nach vorne gerichteten Zähnen am Clypeus leicht kenntlich. ♂: Die Vorderbeine sind charakteristisch verändert: Trochanter und Femur besitzen an der Basis einen winkelförmigen Vorsprung, die Tibia und vor allem der Basistarsus sind verbreitert. Die Tibia ist vorne gelb, die Tarsen der Vorder- und Mittelbeine sind weiß mit dunklen Flecken.

Größe: ♀ 5-7 mm, ♂ 4,5-6 mm

Flugzeit: Juni bis September

Verbreitung: Die holarktische Art ist von Europa über Ostasien bis Südkanada und das westliche Nordamerika verbreitet.

Lebensraum: Waldränder, Kahlschläge, Auwaldgebiete, Parks und Gärten.

Lebensweise: Die Weibchen nisten in abgefallenen morschen Ästen oder bodennah, in morschen Stämmen. Die verzweigten Nester können 12-20 Zellen enthalten. Diese werden mit kleinen Zikaden (Hemiptera), meist aus der Familie Jassidae, aber auch mit Blattflöhen (Psyllidae) oder Weichwanzen (Miridae, Heteroptera) verproviantiert.

Crossocerus annulipes ♂

Crossocerus annulipes ♀

Crossocerus binotatus Lepeletier & Brullé, 1834

Kennzeichen: Die mittelgroße Art ist reich gelb gezeichnet. ♀: Gelb sind Mandibeln, Scapes, Pronotallobus, teilweise das Collare, zwei Flecken auf dem Scutellum und Metanotum, Tibien und Tarsen. Das erste Abdominaltergit ist hinten und an den Seiten gelb, Tergit II trägt zwei kleine Flecken, die Tergite III-IV sind größtenteils gelb. ♂: Die Gelbfärbung ist geringer ausgedehnt als beim Weibchen. Tergit II ist meist ganz schwarz. Die Tibien sind ganz gelb, Tibia I ist leicht verbreitert. Der Medianlobus des Clypeus ist stark vorspringend, seine Spitze ist abgestutzt.

Größe: ♀ 9-11 mm, ♂ 7-10 mm

Verbreitung: Zentraleuropa, von den Pyrenäen bis Schweden, Kaukasus, Nordiran.

Lebensraum: Die euryöke Art besiedelt feuchte und trockene Gebiete, Parks und Gärten. Die Art ist weit verbreitet.

Lebensweise: Die Nester werden sowohl im Holz als auch in Mauerspalten oder in Sandgruben errichtet. Möglicherweise ist *C. binotatus* je nach der Gegend Holz- oder Bodenbrüter. Beutetiere sind verschiedene Fliegen (Diptera).

Crossocerus capitosus (Shuckard, 1837)

Kennzeichen: Die Vordertibien und Tarsen der kleinen, schwarzen Art sind vorne gelb gestreift, die Tibien II und III tragen nur kleine gelbe Flecken an der Basis. Der Medianlobus des Clypeus ist schmal und weist beiderseits einen tiefen Einschnitt auf. ♀: Der Kopf ist hinter den Augen stark entwickelt und sehr fein punktiert. Das Mesonotum ist sehr fein und zerstreut punktiert. Die Behaarung von Kopf und Thorax ist sehr kurz. ♂: Ähnlich dem ♀. Die Antennenunterseite ist sehr kurz behaart. Tergit VII ist abgerundet.

Größe: ♀ 6-8 mm, ♂ 5-6 mm

Verbreitung: Nord- und Osteuropa sowie Japan. Im Süden bis Kroatien und Piemont.

Lebensraum: Waldränder und Kahlschläge mit reichlich Himbeeren, Parks und Gärten.

Lebensweise: *C. capitosus* ist ein typischer Markbewohner, der seine Linienbauten im Mark von abgebrochenen Zweigen verschiedener Pflanzenarten anlegt. In Eschenzweigen reichen die Gänge manchmal bis ins lebende Holz hinein. Die Nestgänge können bis 40 cm lang werden und bis zu 18 Zellen enthalten. Die Beute besteht aus Fliegen und Mücken, ausnahmsweise auch aus Blattflöhen (Psyllidae).

Crossocerus binotatus ♂

Crossocerus capitosus ♀

Crossocerus cetratus (Shuckard, 1837)

Kennzeichen: Eine ganz schwarze Art. Beim ♀ sind nur die Mandibeln teilweise, die Spitzen der Tibien und das Pygidialfeld rötlich gefärbt. Der Medianlobus des Clypeus ist vorne abgestutzt mit sehr kleinen Seitenzähnen. ♂: Die Tibia I und das erste Glied der Vordertarsen sind stark erweitert und hell gesäumt.

Größe: ♀ 7-8 mm, ♂ 6,5-7,5 mm

Flugzeit: Mai bis September

Verbreitung: Europa von Nordspanien bis Finnland, sowie im Kaukasus, Kasachstan, dem östlichen China und Japan.

Lebensraum: Waldränder, Kahlschläge, Auwaldgebiete, Gärten.

Lebensweise: Die Weibchen nisten in verlassenen Larvengängen in altem Holz und im Mark von Pflanzenstängeln. Beutetiere sind kleine Fliegen und Mücken, z. B. Trauermücken (*Sciara*, Sciaridae).

Crossocerus dimidiatus (Fabricius, 1781)

Kennzeichen: Sehr ähnlich *C. binotatus*, die Gelbfärbung ist jedoch etwas weniger ausgedehnt. Die Scapes tragen stets einen dunklen Fleck, ebenso die Innenseite der Tibien. Beim ♂ sind die Hintertibien dunkler und tragen an der Außenseite kurze Dornen.

Größe: ♀ 8-12 mm, ♂ 7,5-9,5 mm

Flugzeit: Juni bis August

Verbreitung: Die wenig kälteempfindliche Art ist vor allem im nördlichen Europa verbreitet. In den skandinavischen Ländern ist sie recht häufig, während sie bereits in Süddeutschland ziemlich selten ist.

Lebensraum: Die Art bewohnt Waldränder, Kahlschläge und dringt über Parks in den menschlichen Siedlungsbereich vor.

Lebensweise: Als Nistorte wurden sowohl ein Baumpilz an einer Eiche und Altholz, als auch Mauerspalten, Lehmwände, harter Boden und weicher Sandstein an Gebäuden festgestellt. Mitunter benutzen mehrere Weibchen das gleiche Einflugloch, betreuen im Inneren des Baumstamms aber getrennte Nester. Es werden verschiedene Fliegenarten als Nahrungsvorrat für die Larven eingetragen.

Crossocerus cetratus ♂

Crossocerus dimidiatus ♀

Crossocerus distinguendus (A. Morawitz, 1866)

Kennzeichen: Die kleine, fast ganz schwarze Art ist der wenig größeren *Crossocerus elongatulus* vor allem im weiblichen Geschlecht sehr ähnlich. ♀: Das geradseitige, glänzende Pygidialfeld ist nur wenig punktiert, die Längsfurche vor dem vorderen Ocellus ist deutlich vertieft. Das Mesonotum ist vorn zwischen den Punkten nur schwach glänzend. ♂: Die Seitenkanten des Mesosternums, die Vordertrochanteren und Vorderschenkel sind lang und dicht behaart. Gelb gestreift sind Vorderschenkel dorsal und die Vorderschienen vorn. Der Clypeusrand weist drei kleine Zähnchen auf.

Größe: ♀ 5-6 mm, ♂ 4-5 mm

Flugzeit: Juni bis September

Verbreitung: In Europa weit verbreitet, aber mehr im Norden anzutreffen. Wurde auch in China, Japan und auf Taiwan gefunden.

Lebensraum: Die euryöke Art, die auch in Grünanlagen und Hausgärten in Großstädten vorkommt, gilt als Kulturfolger.

Lebensweise: Die Art nistet sowohl in Böschungen, in Sand, als auch in altem Holz und in weichem Sandstein. Die Beute besteht aus kleinen Fliegen, hauptsächlich Dolichopodidae.

Crossocerus elongatulus (Van der Linden, 1829)

Kennzeichen: Die Beine der kleinen schwarzen Art sind ausgedehnt gelb gezeichnet. ♀: Die Vorderschienen sind vorne gelb gestreift, ebenso die Scapes auf der Unterseite. Das Pronotum ist meist gelb gefleckt, gelblich sind auch die Tarsen der Mittel- und Hinterbeine. ♂: Neben Vorderschenkeln unten und Vorderschienen vorn sind auch die Mandibeln und Taster gelb. Das letzte Tergit ist breit, quer, hinten fast abgeschnitten.

Größe: ♂ + ♀: 5-7 m

Flugzeit: Mai bis September

Verbreitung: Die Art ist in ganz Europa, Nordafrika, Zentralasien und im NO der USA verbreitet. Es werden mehrere Unterarten unterschieden.

Lebensraum: Als Nistorte werden außer in der Erde auch sandige Böden, Löß- und Lehmwände sowie Mauerritzen oder Bohrlöcher im Holz genannt. Die Beute besteht aus ziemlich kleinen Fliegen und Mücken aus unterschiedlichen Familien.

Crossocerus distinguendus ♂

Crossocerus elongatulus ♂

Crossocerus megacephalus (Rossi, 1790)

Kennzeichen: Der Körper ist ganz schwarz, ausgenommen ein gelber Seitenstreifen am Fühlerschaft (Scapus). ♀: Der Clypeus ist vorne breit stumpfwinklig ausgeschnitten, mit Seitenloben und zwei kurzen seitlichen Zähnchen. ♂: Durch die beiden weit auseinanderliegenden starken Zähne am Vorderrand des Clypeus gut charakterisiert.

Größe: ♀ 7-10 mm, ♂ 6-9 mm

Verbreitung: In Europa weit verbreitet und häufig. Die Art kommt auch im Mittelmeergebiet, Nordafrika und in den skandinavischen Ländern, östlich bis zum Ural und in Kasachstan vor.

Lebensraum: Die euryöke Art lebt in feuchten Auwäldern, in den Mittelgebirgen bis 900 m Höhe sowie in Feldgehölzen und im menschlichen Siedlungsbereich.

Lebensweise: *C. megacephalus* nistet im morschen Holz verschiedener Baumarten, auch in Koniferen sowie in den alten Gallen des Käfers *Saperda populnea* L. (Cerambycidae, Coleoptera). Die bis zu 40 mm langen Zellen werden mit bis zu 14 Fliegen aus verschiedenen Familien und von sehr unterschiedlicher Größe gefüllt. Auch bei dieser gesellig nistenden Art kommt es vor, dass mehrere Weibchen einen gemeinsamen Nesteingang benutzen, aber getrennte Nester anlegen.

Crossocerus nigritus (Lepeletier & Brullé, 1834)

Kennzeichen: Ähnlich *C. megacephalus*, jedoch deutlich kleiner als diese. Auf dem schwarzen Körper sind nur ein Streifen am Fühlerschaft und manchmal ein kleiner Fleck an der Basis der Hintertibien gelb. ♀: Der Mittellobus des Clypeus ist schwach dreizähnig, die Seitenloben sind klein und abgerundet. ♂: Der Mittelteil des Clypeus ist verengt und vorgezogen mit drei Zähnchen, von denen der mittlere weiter hervortritt als die seitlichen. Vordertibia und Femur I und II sind hinten braungelb. Tibia I ist auf der Unterseite lang und dicht behaart.

Größe: ♀ 6-8 mm, ♂ 5,5-7 mm

Verbreitung: Europa, südlich bis Norditalien und Kroatien, Ostasien bis China und Japan.

Lebensraum: Die Art ist vor allem in den Mittelgebirgen nicht selten, sie lebt an Waldrändern, in Parks und Gärten.

Lebensweise: Das Nest wird in totem Holz oder im Mark von Pflanzenstängeln angelegt. Die bis zu 11 Zellen liegen am Ende der zahlreichen, verzweigten Nebengänge. Sie werden mit ziemlich kleinen Fliegen und Mücken aus verschiedenen Familien versorgt.

Crossocerus megacephalus ♂

Crossocerus nigritus ♂

Crossocerus palmipes (LINNAEUS, 1767)

Kennzeichen: ♀: Blassgelb gefärbt sind Clypeus, teilweise die Mandibeln und der Scapus. Gefleckt oder mit schmalem Band ist das Collare. Manchmal befindet sich ein Fleck auf dem Scutellum und meist auch auf dem Metanotum. Kleine Flecken tragen auch die Spitzen der Femora I und II. Gelb sind größtenteils die Tibien I und II und die Basis von Tibia III sowie die Basistarsen I-III. Der Mittellobus des Clypeus ist breit abgestutzt mit spitzen Seitenwinkeln. ♂: Die Männchen sind sofort kenntlich an den stark verbreiterten Vordertibien und -tarsen mit charakteristischer Zeichnung. Kopf- und Thoraxunterseite sind gelb.

Größe: ♀ 6-7,5 mm, ♂ 5-6,5 mm

Verbreitung: Zentral- und Osteuropa sowie Mittel- und Ostasien.

Lebensraum: *C. palmipes* lebt vorwiegend an warmen, windgeschützten Waldrändern, wo sie meist auf Eichenlaub bei der Suche nach Honigtau zu beobachten ist.

Lebensweise: Das Nest wird in sandigen Böden, manchmal auf gut besonnten Waldwegen, außerdem im Mörtel von Mauerfugen und in weichem Sandstein angelegt. Es besteht aus einem bis zu 15 cm langen Gang, der in einer Zelle endet oder in mehreren Zellen, die traubenförmig angeordnet sind. Als Larvennahrung werden Fliegen aus verschiedenen Familien eingetragen.

Crossocerus podagricus (VAN DER LINDEN, 1829)

Kennzeichen: ♀: Gelb gezeichnet sind Scapes, Pronotallobus, die Spitzen der Femora I und II, die Tibien I und II sowie der größte Teil der Tarsen, häufig auch das Collare und manchmal das Scutellum. Der Clypeus ist vorne breit abgestutzt mit zwei kleinen Seitenzähnen. ♂: Die Tibia der Mittelbeine ist an der Spitze dreieckig verbreitert und ohne Sporn.

Größe: ♀ 4,5-6 mm, ♂ 4-6 mm

Verbreitung: Die Art hat eine weite Verbreitung, in Europa von Norwegen und Finnland bis Nordafrika, in Asien vom Kaukasus bis Japan.

Lebensraum: Die euryöke Art lebt sowohl in trockenen als auch in feuchten Biotopen, an Waldrändern, offenen Stellen und im Siedlungsbereich, sie ist aber meist eher selten.

Lebensweise: Das Nest wird im morschen Holz angelegt, vorwiegend in verlassenen Bohrgängen von Insekten. Nach der Versorgung mit kleinen Fliegen und Mücken wird der Eingang mit Holzspänen verschlossen.

Crossocerus palmipes ♂

Crossocerus podagricus ♂

Crossocerus quadrimaculatus (Fabricius, 1793)

Kennzeichen: Die Ausdehnung der Gelbfärbung ist variabel, sie kann vor allem bei den Männchen auch völlig fehlen. ♀: Gelb sind in unterschiedlicher Ausdehnung: Clypeus, Scapes, Thorax, zwei große Flecken auf den Tergiten II und III sowie eine Binde auf Tergit V. Der Mittellobus des Clypeus ist breit und mehrzähnig, mit tiefen Einbuchtungen an den Seiten. ♂: Der Vorderrand des Clypeus ist vorgewölbt und trägt mehrere tiefe Einschnitte. Die Occipitalleiste ist hoch und endet in einem Zahn.

Größe: ♀ 7-10 mm, ♂ 5-8 mm

Verbreitung: Die Art hat in Europa eine weite Verbreitung vom südlichen Skandinavien bis zum Mittelmeer und Nordafrika, in Asien vom Iran bis zur Mongolei.

Lebensraum: Die wärmeliebende Grabwespe lebt vor allem auf trockenen, sandigen oder lehmigen Flächen. Gehäuft tritt sie auch in den Talauen der Flussläufe auf, gelegentlich auch in den Städten.

Lebensweise: Die Weibchen nisten oft in kleinen Gemeinschaften auf ebenen, häufiger aber in steilen sandigen oder lehmigen Böschungen oder in Wurzeltellern. Außerdem fand man Nester in den Wänden von Kaninchenbauten und in Sandsteinmauern. Die Niströhren erreichen eine Länge von bis zu 25 cm, ihre Verzweigungen am Ende münden in mehrere Zellen. Als Larvennahrung werden verschiedene Dipteren, ausnahmsweise auch Köcherfliegen (Trichoptera) und selbst Kleinschmetterlinge eingetragen.

Crossocerus quadrimaculatus ♂

Crossocerus quadrimaculatus ♀

Crossocerus vagabundus (Panzer, 1798)

Kennzeichen: ♀: Die Gelbfärbung der mittelgroßen Art ist variabel. Gelb gezeichnet sind zumindest die Scapes, zwei Flecken auf dem Collare, große Teile der Tibien und Tarsen, je zwei große Flecken auf Tergit II und III sowie eine Binde auf Tergit V. Meist sind u. a. auch noch Clypeus, Mandibeln, Pronotallobus, Scutellum und die Spitzen der Femora gelb, häufig sind alle Tergite gelb gebändert. ♂: Die ersten Geißelglieder sind unten lang bewimpert, die Flügel sind leicht gebräunt, die Marginalzelle ist mittig und die Medianzelle ist distal braun gefleckt. Die Färbung entspricht etwa der des ♀.

Größe: ♀ 8-11 mm, ♂ 7-9 mm

Verbreitung: Die Art hat lokale Vorkommen in Zentraleuropa und in den südlichen Teilen der nordischen Länder. Sie ist offenbar überall eine seltene Art. In Asien ist sie von Sibirien bis Japan verbreitet.

Lebensraum: Die euryöke Art, die von der Ebene bis in 800 m Höhe vorkommt, bewohnt trockene Waldränder, Kahlschläge, Auwälder, Schilfgebiete und Parks bei Siedlungen.

Lebensweise: *C. vagabundus* nistet in totem Holz, in alten Pfosten, oft in den Fraßgängen von Käferlarven, wo in verzweigten Gängen, durch Holzmulm getrennt, einige Zellen hintereinander angelegt werden. Ihre Beutetiere sind ziemlich große Wiesenschnaken (Tipulidae) und Stelzmücken (Limoniidae) sowie Schnepfenfliegen (Rhagionidae), regional evtl. auch Schmetterlinge (Tortricidae, Lepidoptera). Vor dem Eintragen in die Zellen werden den Beutetieren die langen Beine meist teilweise abgebissen.

Crossocerus vagabundus ♂

Crossocerus vagabundus ♀

Weitere Arten:

Crossocerus acanthophorus (KOHL, 1892): Pronotum an den Vorderecken mit einem spitzen Zahn. Mediterrane Art, in der Region nur sehr selten nachgewiesen. Aktuell im Rheintal gefunden.

Crossocerus assimilis (F. SMITH, 1856): Körper schwarz, nur Scapes und Tibia I gelb gefleckt. Eine seltene, zentraleuropäische Art.

Crossocerus barbipes (DAHLBOM, 1845): Eine ganz schwarze Art. In Zentraleuropa boreoalpin verbreitet.

Crossocerus cinxius (DAHLBOM, 1838): Schwarz, ähnlich *C. capitosus*, aber die Beine sind weniger gelb. In Zentraleuropa, boreoalpin verbreitet.

Crossocerus congener (DAHLBOM, 1844): Schwarz, Pronotallobus weißgelb. In Nord- und Zentraleuropa nur zerstreute Vorkommen mit der Tendenz zur Ausbreitung.

Crossocerus denticoxa (BISCHOFF, 1932): Ähnlich *C. exiguus*, Pronotallobus gelb. Wärmeliebend, sehr selten.

Crossocerus denticrus HERRICH-SCHAEFFER, 1841: Schwarz, Pronotallobus braun. Europa, Ostasien, eine sehr seltene Art.

Crossocerus exiguus (VAN DER LINDEN, 1829): Eine nur 3-5 mm große, seltene Art. Zwischen den Fühlerbasen eine deutliche, abgeplattete Erhebung. Schienen I und II des ♀ gelb, III gelb gestreift. Das 6. Geißelglied des ♂ trägt einen breiten Fortsatz. Die Art nistet im Boden.

Crossocerus heydeni (KOHL, 1880): Ganz schwarze Art, ähnlich *C. leucostoma*. Ein weit verbreiteter, aber seltener Waldbewohner in Europa. Nistet in Totholz.

Crossocerus leucostoma (LINNAEUS, 1758): Mit 8-10 mm ist sie die größte der ganz schwarzen Arten. Die Stirn ist ausgehöhlt, der Scapus ist außen weißlich gefärbt. Beim ♂ ist der Basistarsus I erweitert, seine Spitze hell gefärbt. Ein weit verbreiteter, seltener Waldbewohner.

Crossocerus ovalis LEPELETIER & BRULLÉ, 1834: Schwarz, Tibien I und II vorne, selten auch Collare und Scutellum gelb gefleckt. Nistet endogäisch.

Crossocerus pullulus (A. MORAWITZ, 1866): Ein Sanddünenbewohner an Nord- und Ostsee.

Crossocerus styrius (KOHL, 1892): Ähnlich *C. nigritus*, aber kleiner. In Europa ein weit verbreiteter aber seltener Waldbewohner.

Crossocerus tarsatus (SHUCKARD, 1837): Schwarz, manchmal sind Collare und Scutellum gefleckt. Beim ♂ ist die Gelbfärbung ausgedehnter. In Europa weit verbreitet, aber meist selten. Nistet im Boden.

Crossocerus varus LEPELETIER & BRULLÉ, 1835: (= *Crossocerus pusillus* LEPELETIER & BRULLÉ, 1835). Körper schwarz, Beine teilweise gelb. Collare und Scutellum oft gelb gefleckt. Beim ♂ sind die Vorderschienen verbreitert, gelb, mit schwarzem Fleck. Verbreitet. Nistet endogäisch in trockenen, warmen Böden.

Crossocerus walkeri (SHUCKARD, 1837): Clypeus, innerer Augenrand, Pronotallobus, Collare, Scutellum, oft auch das Metanotum sowie die Tibien I und II gelb gefleckt. Lebt v. a. in Auwaldgebieten in Wassernähe und jagt Eintagsfliegen (Ephemeroptera). Eine verbreitete, aber seltene und bedrohte Art.

Crossocerus wesmaeli (VAN DER LINDEN, 1829): Pronotallobus, Collare, Scutellum und Tibien gelb gefleckt. Die Gelbfärbung ist beim ♂ geringer. In Sandgebieten besonders im Norden eine weit verbreitete, häufige Art; im Süden seltener.

Crossocerus leucostoma ♀

Crossocerus varus ♂

Crabro-Arten sind mittelgroße bis große Grabwespen mit fast stets gelb gezeichnetem Hinterleib. Bei den Männchen sind meist einige der 13 Antennenglieder auffällig gebildet und die Vorderschienen sind oft schildförmig verbreitert. Die Weibchen besitzen ein deutliches, abgeflachtes Pygidialfeld mit geraden Seiten. Alle Arten nisten in der Erde. Beutetiere sind verschiedene Fliegen (Diptera).

Crabro cribrarius (LINNAEUS, 1758)

Kennzeichen: ♀: Die Mandibeln sind schwarz, der Scapus ist nur wenig gelb gefleckt. Collare und Scutellum sind gelb, ebenso Tibien und Tarsen. Tibia I ist innen meist dunkel gefleckt. Die Tergite II und III haben gelbe Seitenflecke, die Tergite I, IV und V besitzen vollständige Binden. Die Behaarung ist lang, auf dem Kopf braun, auf dem Thorax hell. In verschiedenen Gegenden kommen auch melanistische Tiere vor. ♂: Die Fühlergeißel ist auffallend verbreitert. Der stark schildartig verbreiterte Teil der Vorderschienen ist glänzend braun mit bläulichem Schimmer und trägt auf der ganzen Oberfläche kleine helle Flecken. Der nichtverbreiterte Teil ist gelb, außen ohne Dornen.

Größe: ♀ 10-17 mm, ♂ 9-16 mm

Flugzeit: Juni bis September

Verbreitung: Europa und nördliches Asien bis Korea und Mongolei.

Lebensraum: Die Art bevorzugt warme Sandgebiete, sie hält sich hier aber eher an feuchteren Stellen, Wiesen und Waldrändern auf, wo sie Doldenblüten besucht und Fliegen jagt.

Lebensweise: Das Nest wird an sonnigen Plätzen im sandigen Boden gegraben. Oft liegt der Nesteingang unter einem Blatt verborgen. Der Hauptgang führt 15-20 cm fast senkrecht in die Tiefe und biegt dann horizontal um. An seinem Ende befindet sich zunächst eine Zelle. Später werden noch 2-3 Nebengänge gegraben, die wiederum in je einer Zelle enden. Als Larvennahrung werden 5-8 mittelgroße Fliegen aus verschiedenen Familien eingetragen.

Crabro cribrarius ♂

Crabro cribrarius ♀

Crabro peltarius (SCHREBER, 1784)

Kennzeichen: ♀: Die Segmente I-III tragen hellgelbe Seitenflecken, die auf den Segmenten IV-V zu Binden zusammenrücken. Die Gelbfärbung der Weibchen nimmt nach Süden hin zu. Im Gegensatz zu *C. cribrarius* sind Mandibel, Scapus und Pronotallobus gelb gefleckt und das 1. Segment trägt Seitenflecken. ♂: Die Vordercoxen besitzen einen langen, dünnen Dorn. Die Fühlerglieder III-VI sind verbreitert und unten lang behaart. Der Tibienschild ist im oberen Teil milchig weiß, im unteren Teil braun mit helleren Längsstrichen.

Größe: ♀ 10-13 mm, ♂ 9-12 mm

Flugzeit: Juni bis September

Verbreitung: Von Irland und den skandinavischen Ländern bis zum östlichen Sibirien, Nordchina, Mongolei, Korea, Türkei. In den südlichen Ländern bewohnt die Art Gebirgslagen bis 1800 m NN; sie fehlt in Griechenland.

Lebensraum: *C. peltarius* zählt vor allem in den Sandgegenden zu den häufigsten Grabwespen.

Lebensweise: Die Nester werden bevorzugt in steilen Sandböschungen, Abbruchkanten, im Eingangsbereich von Kaninchenbauten, aber auch auf leicht geneigten Flächen gegraben. Der Hauptgang führt wellenförmig bis in 28 cm Tiefe. Hier liegen am Ende von kurzen Seitengängen bis zu 7 Zellen, die mit etwa 9 Fliegen aus sehr unterschiedlichen Familien versorgt werden. Die Fliegen werden hauptsächlich auf Gebüsch gejagt und fliegend zum Nest gebracht. Sie werden zuerst in einem vorderen Abschnitt des Ganges gesammelt, bevor sie in die Larvenkammer gelangen.

Crabro peltarius ♂

Crabro peltarius ♀

Crabro scutellatus (Scheven, 1781)

Kennzeichen: ♀: Kopf, Thorax und Tergit I sind in der Regel schwarz, ohne Gelbfärbung. ♂: Die Fühlerglieder III-VI sind schwach verbreitert, unten kurz behaart. Die Vordercoxen haben am Ende keinen Dorn. Der Tibienschild ist dunkelbraun mit dünnen hellen Linien.

Größe: ♀ 8-11 mm, ♂ 7-11 mm

Flugzeit: Juni bis August

Verbreitung: Von Südengland und Frankreich durch die nordischen Länder bis China. Die Art fehlt in Südeuropa.

Lebensraum: Weit verbreitet, vor allem in den Sandgebieten.

Lebensweise: Die Weibchen nisten oft gesellig in Sanddünen, Sandwällen oder im vorderen Bereich von Kaninchenbauten. Vom ziemlich breiten Eingang, in den das mit Beute heimkehrende Weibchen im Sturzflug eintaucht, führt der Hauptgang fast senkrecht abwärts. An seinem Ende liegen in kurzen Nebengängen meist 3 Zellen, die mit 8-19 Fliegen, vor allem Dolichopodidae, versorgt werden.

Weitere Arten:

Crabro alpinus Imhoff, 1863: Eine seltene Gebirgsart, vorwiegend in den Alpen in 1400 bis 2200 m NN. *C. alpinus* ist nahe verwandt mit *C. peltatus* und evtl. nur eine Unterart.

Crabro ingricus (F. Morawitz, 1888): Eine in Europa weit verstreut lebende, sehr seltene Art, in Deutschland derzeit keine Nachweise.

Crabro lapponicus Zetterstedt, 1838: Kopf und Thorax des Weibchens sind lang braun behaart. Die Fühlergeißel und die Vorderbeine des Männchens sind nicht verbreitert. Vorwiegend in Skandinavien. Eine seltene Art in Hochlagen in Bayern und Hessen.

Crabro loewi Dahlbom, 1845: Ein von der Atlantikküste bis zum Ural verbreiteter, aber sehr seltener Sandbewohner. Die Vorderbeine des Männchens sind nur wenig verbreitert. In Deutschland derzeit keine Nachweise.

Crabro peltatus Fabricius, 1793: Eine sehr seltene Hochgebirgsart.

Crabro scutellatus ♂

Crabro scutellatus ♀ mit Beute

Gattung ***Ectemnius*** Dahlbom, 1845

Die Gattung umfasst mittelgroße bis große Grabwespenarten mit meist gelb gebändertem oder geflecktem Hinterleib. Im Unterschied zu *Crabro* besitzen auch die Männchen, wie die Weibchen, nur 12 Antennenglieder, die bei den Männchen mancher Arten z. T. verlängert, ausgehöhlt oder gezahnt sein können. Das Pygidialfeld der Weibchen ist nicht flach, sondern rinnenförmig ausgehöhlt. Von den gelbgebänderten *Crossocerus*-Arten unterscheiden sie sich durch das nicht glatte, sondern stets strukturierte Mittelfeld des Propodeums und durch die Anordnung der Ocellen zu einem stumpfwinkligen, flachen Dreieck. Meist werden sechs Untergattungen unterschieden. Die Wespen nisten in weichem Holz oder in Pflanzenstängeln, sie erbeuten Fliegen (Diptera) als Larvennahrung.

Ectemnius cavifrons (Thomson, 1870)

Kennzeichen: Die Art hat große Ähnlichkeit mit dem etwas häufigeren *E. ruficornis.* ♀: Der Mittellobus des Clypeus ist leicht eingebuchtet, sein Vorderrand ist breiter als der Abstand zum Seitenzahn. Der Scheitel ist um die Ocellen deutlich eingedrückt. ♂: Die Antennenglieder III-V sind eingebuchtet und tragen 4 starke Zähne. Der Scheitel ist um die Ocellen breit eingedrückt, die Behaarung des Clypeus ist goldglänzend.

Größe: ♀ 11-16 mm, ♂ 8-12 mm

Flugzeit: Juni bis September

Verbreitung: Süd- und Zentraleuropa, südliches Sibirien bis Japan.

Lebensraum: Waldränder, Lichtungen im Laubwald, Auwaldgebiete sowie Parks mit altem Baumbestand und Totholz.

Lebensweise: Die häufig reichverzweigten Nester werden von den Weibchen im morschen Holz genagt, wobei meist bereits vorhandene Gänge früherer Jahre wieder besiedelt und erweitert werden. Gelegentlich benutzen zwei oder mehr Weibchen denselben Nesteingang, sie betreuen im Inneren aber getrennte Nester. In älteren Nestanlagen konnten bis zu 13 Seitengänge zwischen 35-70 cm, ausnahmsweise bis 120 cm Länge, festgestellt werden. In jede Zelle werden 6-12 ziemlich große Schwebfliegen (Syrphidae) oder Waffenfliegen (Stratiomyidae) eingetragen. Große, vielzellige Nester können bis zu 100 Fliegen enthalten. Im Gegensatz zu den meisten Grabwespen wird die Beute im Flug nicht mit der Bauchseite, sondern mit dem Rücken nach oben, unter dem Körper gehalten.

Ectemnius cavifrons ♀

Ectemnius cavifrons ♀

Ectemnius continuus punctatus (Lepeletier & Brullé, 1835)

Kennzeichen: Die Tergite I und III sind meist ganz schwarz, die Binden auf den Segmenten II und IV sind unterbrochen. Tergit I besitzt nur eine sehr zarte und weitläufige Punktierung. ♀: Die Rückwand des Propodeums ist deutlich und regelmäßig strichliert. ♂: Das 3. Antennenglied ist etwa 2,5mal länger als breit, das 4. ist unten leicht ausgeschnitten. Die Tarsenglieder I und II der Mittelbeine sind verlängert.

Größe: ♀ 9-14,5 mm, ♂ 8-12 mm

Verbreitung: Die Art ist über weite Teile Europas, Nordafrikas, Asiens und Nordamerikas in drei Unterarten verbreitet. In Zentraleuropa, Asien und Nordamerika lebt die meist recht häufige Unterart *E. c. punctatus*.

Lebensraum: Die Wespe lebt sowohl in trockenen, als auch in feuchten Biotopen, an Waldrändern und Kahlschlägen, im Siedlungsbereich, in den Mittelgebirgen sowie in den Dünengebieten von Nord- und Ostsee.

Lebensweise: Die Weibchen nisten in altem Holz, Pfählen und Baumstrünken, abgefallenen morschen Ästen sowie im Mark von Brombeer- und Holunderzweigen. Je nach den Raumverhältnissen entstehen entweder reine Linienbauten oder verzweigte Nester mit bis zu 10 Zellen. Beutetiere sind verschiedene Fliegen.

Ectemnius dives (Lepeletier & Brullé, 1834)

Kennzeichen: Die Pronotumecken tragen einen kleinen spitzen Dorn, der nicht die Verlängerung der quer über das Pronotum verlaufenden Leiste darstellt. Die Segmente II-V tragen gelbe Seitenflecken, die auf dem fünften oft zu einem Band zusammenrücken. ♀: Die Behaarung des Clypeus ist goldgelb. ♂: Der Basistarsus der Mittelbeine ist außen deutlich verbreitert. Die ersten beiden Tarsenglieder der Vorderbeine sind weiß, die übrigen dunkel gefärbt. Das 3. Antennenglied ist tief ausgeschnitten und so lang wie IV und V zusammen, das 6. ist tiefer ausgeschnitten als das 5.

Größe: ♀ 7-11 mm, ♂ 6,5-8 mm

Verbreitung: Die holarktische Art ist weit verbreitet über Europa, Asien, Kanada und die nördlichen Teile der USA.

Lebensraum: Die meist nicht seltene Grabwespe bewohnt sowohl warme und trockene, als auch kalte und feuchte Gebiete wie Waldränder, Buschland, Streuwiesen, Parks und Gärten sowie ausgedehnte Sandflächen, sofern etwas Altholz als Nistgelegenheit vorhanden ist.

Lebensweise: Ein Nest enthält mehrere Zellen, in die 5-8 Fliegen, meist Schwebfliegen (Syrphidae) und Raupenfliegen (Tachinidae) eingetragen werden.

Ectemnius continuus punctatus ♂

Ectemnius dives ♂

Ectemnius lapidarius (Panzer, 1804)

Kennzeichen: Die Gelbfärbung der Art ist variabel, sie entspricht aber ungefähr der von *E. cavifrons*. ♀: Der Mittellobus des Clypeus ist weit vorspringend, vorne gerade, seitlich ausgeschnitten mit zwei nach vorne gerichteten Zähnen. ♂: Das 3. Antennenglied ist stark verlängert, tief ausgeschnitten und trägt 2 kräftige Zähnchen. Die Antennenglieder IV und V sind viel kürzer, weniger tief ausgeschnitten und mit einem viel schwächeren Zähnchen. Die vorderen Femora besitzen unten einen Zahn. Die Tibien I und II sind teilweise geschwärzt, das 5. Tarsenglied der Vorderbeine ist verbreitert und gerundet.

Größe: ♀ 9-12 mm, ♂ 7-11 mm

Flugzeit: Mai bis September

Verbreitung: Die holarktisch verbreitete Grabwespe hat Vorkommen in Europa, Asien bis Japan und Nordamerika. Die Verbreitung in Südeuropa ist noch unzureichend bekannt.

Lebensraum: Die meist häufige Art lebt vor allem in Laub- und Nadelwäldern mit reichlich Altholz. Sie kommt auch in offenen Feldfluren, in Feuchtgebieten sowie auf trockenen Sandflächen vor, sofern durch reichlich Altholz oder Stapelholz Nistgelegenheiten vorhanden sind.

Lebensweise: Die Nester werden im morschen Holz angelegt. Nach dem engen Eingang erweitert sich der Hauptgang auf das doppelte des Durchmessers. Von diesem verbreiterten Gang zweigen in verschiedene Richtungen mehrere kurze, engere Seitengänge ab, in denen die Brutkammern liegen. Die Zellen von weiblichen Nachkommen sind deutlich größer als die der männlichen. Die Beute besteht hauptsächlich aus Schwebfliegen (Syrphidae), seltener aus anderen Dipteren.

Ectemnius lapidarius ♂

Ectemnius lapidarius ♀

Ectemnius lituratus (Panzer, 1804)

Kennzeichen: ♀: Kopf und Thorax sind reich gelb gezeichnet, insbesondere die Mandibeln, Scapes, Pronotum, Pronotallobus, Scutellum und Metanotum; die Seiten des Propodeums besitzen längliche Flecken. Tergum I trägt einen ausgebuchteten Querfleck, die Tergite II-V sind gleichmäßig breit gebändert. Die Femora sind teilweise gelb, die Tibien und Tarsen sind völlig gelb, ausgenommen das Klauenglied, das etwas vergrößert und dunkelbraun gefärbt ist. ♂: Die Gelbfärbung ist ähnlich wie beim ♀. Auf dem Thorax ist sie etwas reduziert. Die Scapes besitzen einen kleinen dunklen Fleck, die Seiten des Propodeums sind ungefleckt. Die Tergite I-IV tragen große Seitenflecken, V und VI sind gebändert. Die Antennenglieder sind nicht eingebuchtet, das 3. Glied ist 2,5mal länger als breit.

Größe: ♀ 11-14 mm, ♂ 9-12 mm

Flugzeit: Juni bis September

Verbreitung: Die Art ist vorwiegend in Süd- und Zentraleuropa verbreitet, im Norden nur bis Dänemark. In Deutschland ist sie vor allem in Baden-Württemberg häufig, in den mittleren und nördlichen Bundesländern dagegen seltener.

Lebensraum: Warme Auwaldgebiete und Laubwälder, wo sie auf den Lichtungen oft in großer Zahl auf den Blütendolden von *Heracleum* anzutreffen ist. Sie ist aber kein reines Waldtier, sondern kommt auch auf Ödland und in Parks vor.

Lebensweise: Die Nester werden in morschen Baumstämmen und in toten, abgefallenen Ästen, vor allem von Eichen angelegt. Als Larvennahrung werden verschiedene Fliegen aus sehr unterschiedlichen Familien eingetragen.

Ectemnius lituratus ♂

Ectemnius lituratus ♀

Ectemnius rubicola (DUFOUR & PERRIS, 1840)

Kennzeichen: Die Gelbfärbung entspricht weitgehend derjenigen von *E. continuus*. *E. rubicola* unterscheidet sich von dieser aber deutlich durch die geringere Größe. Der Medianlobus des Clypeus ist schmal und dreizähnig. ♀: Gelb sind Mandibeln, Scapes und Collare. Pronotallobus und Metanotum sind meist gelb gefleckt. Das Abdominalsegment I trägt kleine gelbe Seitenflecken oder es ist ganz schwarz, das 2. Segment besitzt große Seitenflecken, das 3. ist häufig ganz schwarz oder seine Flecken sind viel kleiner als die von Segment II und IV. Segment V ist breit gebändert. Die Femora sind schwarz, die Tibien außen gelb, innen schwarz gestreift, die Tarsen I-III sind braun. ♂: Die Färbung entspricht derjenigen des ♀, nur auf Kopf und Thorax ist sie reduziert, an den Beinen aber ausgedehnter. Segment I ist häufiger gelb gefleckt, Segment III ist dagegen meist schwarz. Das Pronotum besitzt einen hohen Querkiel, seine Ecken sind spitz. Der Femur der Vorderbeine weist an der Basis einen winkligen Vorsprung auf.

Größe: ♀ 7-9,5 mm, ♂ 6-9 mm

Flugzeit: Mai bis September

Verbreitung: Europa, Nordafrika, Kasachstan, Nordost-China und Japan. Im Norden bis Südschweden und Finnland.

Lebensraum: Die Art ist nicht selten an Waldrändern und Kahlschlägen, auf Feldfluren und selbst im Siedlungsbereich. Sie ist meist an Gebüsch mit Brombeeren (*Rubus*) gebunden.

Lebensweise: *E. rubicola* ist die einzige Art der Gattung, die ausschließlich in Pflanzenstängeln nistet, meist im Mark von *Rubus*- oder *Sambucus*-Zweigen. Hier nagt das Weibchen lange Gänge von häufig mehr als 30 cm Länge. Im unteren Abschnitt werden meist dicht hintereinander bis zu 17 Zellen angelegt. Jede Zelle wird mit bis zu 8 Fliegen versorgt. Diese werden im Flug unter dem Körper mit dem Rücken nach oben gehalten. Obwohl das Beutespektrum wie bei anderen Grabwespen groß ist, werden in eine Zelle doch meist nur Fliegen einer oder weniger Arten eingetragen.

Weitere Arten:

Ectemnius borealis (ZETTERSTEDT, 1838): Der Mittellobus des Clypeus besitzt starke Seitenzähne. Die gelben Flecken der Tergite werden nach hinten kleiner. Boreoalpin verbreitet.

Ectemnius cephalotes (OLIVIER, 1792): Eine weitverbreitete, große Art bis 17 mm. Das Mesonotum ist vorn quer verlaufend strichliert. Die Fühlerglieder des ♂ sind unauffällig, das letzte ist abgestutzt.

Ectemnius confinis (WALKER, 1871): Das 3. Abdominalsegment ist schwarz, das 1. ist sehr fein punktiert. Der Mittellobus des Clypeus ist breit. Eine seltene, südliche Art, die Feuchtgebiete bewohnt und im Schilf nistet.

Ectemnius rubicola ♂

Ectemnius rubicola ♀

Ectemnius ruficornis (ZETTERSTEDT, 1838)

Kennzeichen: Habitus und Größe entsprechen *E. cavifrons* weitgehend. Von diesem unterscheidet sich *E. ruficornis* vor allem durch den schmaleren Mittellobus des Clypeus und die weniger tiefe oder ganz undeutliche Einsenkung der Oberfläche des Kopfes um die Ocellen. Der Pronotallobus ist bei den ♀ meist dunkel. Beim ♂ ist die Clypeusbehaarung silbrig.

Größe: ♀ 10-14,5 mm, ♂ 8-12 mm

Verbreitung: Von Europa über Asien bis Japan, Nordamerika bis Mittelamerika. In Europa von Nordspanien bis Skandinavien.

Lebensraum: Waldränder, Kahlschläge, vor allem in höheren Lagen der Mittelgebirge sowie auf Heideflächen, sofern genügend Totholz vorhanden ist.

Lebensweise: Die Weibchen nagen im morschen Holz umfangreiche Nester, worauf häufig die Menge an ausgeworfenem Holzmehl hinweist. Als Larvennahrung dienen vor allem größere Schwebfliegen (Syrphidae).

Weitere Arten (Fortsetzung):

Ectemnius fossorius (LINNAEUS, 1758): Das Mesonotum ist stark querstrichliert, das Pronotum besitzt an den Seiten einen rechtwinkligen Vorsprung. Beim ♂ sind die Fühlerglieder III-V verlängert und gebogen. Mit bis zu 21 mm ist sie die größte Art der Gattung. Sehr selten in warmen Auwäldern, z. B. am Oberrhein und in Österreich.

Ectemnius guttatus (VAN DER LINDEN, 1829): Beim ♀ sind Tibien und Tarsen gelb, das Klauenglied ist dunkel. Die gelben Flecken auf den Segmenten II und V sind meist größer als auf den Segmenten III und IV. Weit verbreitet.

Ectemnius meridionalis (A.Costa, 1871): Eine mediterrane Art, nördlich bis Österreich, Ungarn Slowakei.

Ectemnius nigritarsus (HERRICH-SCHAEFFER, 1841): Die Mesopleuren sind spärlich und zart punktiert und ohne Längsrunzeln. Der Clypeus des ♀ ist verengt, gerade abgeschnitten und ohne Seitenzähne. Die Antennenglieder des ♂ sind ohne Ausschnitte, Tergit VII des Abdomens besitzt ein Pygidialfeld. Ein seltener, wärmeliebender Auwaldbewohner.

Ectemnius rugifer (DAHLBOM, 1845): Eine sehr seltene, südliche Art.

Ectemnius schletteri (KOHL, 1888): Süd- und Osteuropa, 1 Fund 1959 in Österreich, weitere in Ungarn, Tschechien und Bulgarien.

Ectemnius sexcinctus (FABRICIUS, 1775): Sehr ähnlich *E. cavifrons* und *E. ruficornis*. Die Seitenflächen des Propodeums sind grob gerunzelt. Das Antennenglied III des ♂ ist verlängert, unten mit 2 Zähnen, der vordere Zahn trägt ein Borstenbüschel. Tergit VII ist breit mit Seitenecken und einem Haarbüschel an den Seiten. Verbreitet, aber meist selten.

Ectemnius spinipes (A.MORAWITZ, 1866): Eine sehr seltene Art mit isolierten Vorkommen in der Schweiz, Österreich, Ungarn, Slowakei, Polen und Rumänien.

Ectemnius ruficornis ♀

Ectemnius cephalotes ♂

Gattung ***Lestica*** Billberg, 1820

Die Gattung *Lestica* ist mit *Ectemnius* nahe verwandt. Der ganze Körper, einschließlich des Abdomens ist ziemlich stark punktiert und gelb gefleckt. Die Weibchen besitzen eine deutliche glatte Furche vor den oberen inneren Augenrändern. Der Kopf ist deutlich höher als breit und hinter den Augen, vor allem bei den Männchen, verschmälert. Die Antennen der Männchen sind zwölfgliedrig wie bei *Ectemnius*. Die Vordertarsen, insbesondere der Basistarsus, sind bei einigen Arten verbreitert, bei einer Art schildförmig. Zwei der drei einheimischen Arten nisten in der Erde, eine im Holz. Alle Arten tragen adulte Kleinschmetterlinge als Larvennahrung ein.

Lestica alata (Panzer, 1797)

Kennzeichen: ♀: Die Zeichnung von Kopf, Thorax und Abdomen ist hellgelb, manchmal weißlich. Auf den Abdominaltergiten I-III oder I-IV befinden sich große Seitenflecke, die Tergite IV oder auch V sind gebändert. Die Beine sind gelbrot. Im Unterschied zu *L. subterranea* sind die Mesopleuren dicht und grob gerunzelt. ♂: Die Gelbfärbung ist weniger ausgedehnt als beim Weibchen. Der Basistarsus der Vorderbeine ist verbreitert und durchscheinend, die Fühlergeißel ist an der Basis hell.

Größe: ♀ 9-12 mm, ♂ 9-11 mm

Flugzeit: Mai bis August

Verbreitung: Von Nordspanien und Norditalien über ganz Europa, mit Ausnahme der Britischen Inseln, bis Finnland und durch das südliche Sibirien bis zur Mongolei, China und Japan. Vielerorts ist der wärmeliebende Sandbewohner selten geworden und gehört zu den bedrohten Arten.

Lebensraum: Warme, trockene Sand- und Lößgebiete.

Lebensweise: Die Nester werden häufig in Gemeinschaften von vielen Hundert Tieren im reinen Sandboden oder auf lehmigen, stets aber etwas härteren Böden gegraben, z. B. auf oder dicht neben den Fahrspuren auf Feldwegen. Beim Graben ziehen die Weibchen den Sand rückwärtsgehend in einer Richtung vom Nesteingang weg, so dass manchmal regelrechte »Straßen« entstehen. Die Eingänge liegen häufig etwas verborgen unter einem Blatt oder an der Basis von Gras- oder Pflanzenbüscheln. Während der Jagd und bei Nacht bleiben die Eingänge stets offen. Die Brutkammern liegen am Ende des Haupt- und einiger Nebengänge in 7-15 cm Tiefe. Jede Zelle wird mit 6-11 Kleinschmetterlingen der Familien Crambidae, Tortricidae, Pyralidae und Noctuidae versorgt. Die Schmetterlinge werden im Flug, unter dem Körper gehalten, zum Nest gebracht.

Lestica alata ♂

Lestica alata ♀

Lestica clypeata (Schreber, 1759)

Kennzeichen: ♀: Der Medianlobus des Clypeus ist eng und nasenartig vorgewölbt. Der ganze Clypeus ist silbrig behaart. Das Pygidialfeld ist rinnenförmig. Die Segmente I-IV tragen große gelbe Seitenflecken, die sich auf Segment V zu einem Band vereinigen. ♂: Der Kopf ist hinter den Augen stark halsartig verengt. Der Basistarsus der Vorderbeine ist stark schildförmig verbreitert.

Größe: ♀ 9-12 mm, ♂ 8-11 mm

Flugzeit: Mai bis September

Verbreitung: Nordafrika, Europa, Kleinasien, West- und Zentralasien bis zum Baikalsee. In den Pyrenäen und in den Alpen bis 2000 m NN, in den Mittelgebirgen bis 800 m NN.

Lebensraum: Die Art bewohnt vor allem Waldränder, Kahlschläge, Ödland, sowie größere Parks und Gärten.

Lebensweise: Die Weibchen nisten in altem Holz wo sie meist verlassene Käferfraßgänge ausräumen und erweitern. Der Gang ist 7-15 cm lang und enthält mehrere Zellen. Als Larvennahrung werden pro Zelle 10-15 adulte kleine Schmetterlinge eingetragen, meist Sesiidae, Crambinae und Sterrhinae. Nach der Verproviantierung und Eiablage wird der Gang mit Holzmulm, vermischt mit einigen Sandkörnern und Erde, verschlossen.

Lestica clypeata ♂

Lestica clypeata ♀

Lestica subterranea (Fabricius, 1775)

Kennzeichen: *L. subterranea* gleicht *L. alata* sehr. Das Weibchen unterscheidet sich von dieser durch die glatteren, glänzenden, grob und spärlich punktierten Mesopleuren. Der Clypeus besitzt stärkere Seitenzähne. Die Mittelfurche des Propodeums ist oben doppelt so breit wie unten. ♂: Die Vordertarsen des Männchens sind kaum verbreitert. Die Fühlergeißel ist schwarz. Der Körper ist etwas robuster als der von *L. alata*.

Größe: ♀ 9-12 mm, ♂ 9-11 mm

Flugzeit: Mai bis August

Verbreitung: Vom Mittelmeergebiet über Europa bis zum Ural. Die Art fehlt auf den Britischen Inseln.

Lebensraum: *L. subterranea* bewohnt warme, trockene Sandgebiete, Magerrasen, windgeschützte Waldränder, Flugsanddünen. Wie *L. alata* bevorzugt *L. subterranea* festere Böden über Löß und Lehm gegenüber lockerem Sand oder Silbergrasfluren. Auch sie gehört stellenweise zu den stark bedrohten Grabwespenarten.

Lebensweise: Die Weibchen nisten gesellig und graben in härteren Böden einen kurzen, flach unter der Oberfläche verlaufenden Hauptgang, von dem 2-11 Seitengänge rechtwinklig abzweigen. Nach Fertigstellung und Verproviantierung einer Zelle wird der Hauptgang um ein Stück verlängert und ein weiterer Seitengang mit einer Zelle gegraben. Wie bei *L. alata* bleibt der Nesteingang während der ganzen Bau- und Versorgungsphase stets offen. Die Beute besteht aus 8-12 kleineren, meist hellflügeligen Schmetterlingen, hauptsächlich aus den Familien Crambidae, Zygaenidae und Tortricidae.

Gattung ***Tracheliodes*** A. Morawitz, 1866

Tracheliodes curvitarsus (Herrich-Schaeffer, 1841): Die sehr seltene 9-11 mm große Grabwespe mit gelb gebändertem Abdomen wurde in Österreich, Italien, Ungarn, Rumänien, Griechenland und Tschechien nachgewiesen. Sie nistet im Boden und jagt ausschließlich Ameisen der Art *Liometopum microcephalum* Mayr.

Lestica subterranea ♂

Lestica subterranea ♀

Unterfamilie **Mellininae** Latreille, 1802
Tribus Mellinini Latreille, 1802
Gattung ***Mellinus*** Fabricius, 1790

Das erste Abdominalsegment ist stielartig verlängert und schwarz, die übrigen sind gelb gefleckt. Der Körper ist glänzend.

Mellinus arvensis (Linnaeus, 1758)

Kennzeichen: Die Körperzeichnung ist goldgelb, die Fühlergeißel ist schwarz, unten braun.

Größe: ♀ 11-15 mm, ♂ 8-11 mm

Flugzeit: Juli bis Anfang Oktober

Verbreitung: Die Art ist vor allem im mittleren und nördlichen Europa weit verbreitet und meist häufig.

Lebensraum: *M. arvesis* bevorzugt sandigen Untergrund und ist sowohl in den wärmsten als auch in ausgesprochen kühlen Lagen anzutreffen.

Lebensweise: *Mellinus arvensis* nistet hauptsächlich im Spätsommer und ist oft bis in den Oktober hinein aktiv. Die Nester werden auf ebenen Flächen, häufiger aber in steilen Böschungen gegraben, auf sandigem und auch auf festerem Grund. Der Hauptgang führt bis über einen Meter tief in den Boden, in seinem Endbereich liegen mehrere Zellen. Die Beutetiere umfassen ein breites Spektrum von Fliegenarten, die das Weibchen entweder in der Nähe von Kot lauernd oder auf der Pirsch in Heidekraut (*Calluna vulgaris*) erbeutet. Beim Transport werden die Fliegen mit den Mandibeln am Rüssel gepackt und fliegend, das letzte Stück zu Fuß, zum Nest gebracht.

Weitere Art:

Mellinus crabroneus (Thunberg, 1791): Die Körperzeichnung ist weißlich, die Fühlergeißel ist überwiegend hellbraun. Die Art ist in den nördlichen Bundesländern häufiger als im Süden. Nachweise auch aus Österreich und der Schweiz.

Mellinus arvensis ♂

Mellinus arvensis ♀ mit Beute

Unterfamilie **Bembicinae** Latreille, 1802
Tribus Alyssontini Dalla Torre, 1897
Gattung ***Alysson*** Panzer, 1806

Der Vorderflügel besitzt drei Submarginalzellen, von denen die zweite gestielt ist. Der Hinterfemur weist apikal einen deutlichen Fortsatz auf. Das 2. Hinterleibsegment trägt auf glänzendem Grund zwei große weiße Flecken. Von 15 paläarktischen Arten kommen 4 im Gebiet vor.

Alysson spinosus (Panzer, 1801)

Kennzeichen: ♀: Das erste Hinterleibsegment ist rotbraun, das Propodeum ist schwarz. ♂: Der Clypeus ist gelb mit einem schwarzen Fleck in der Mitte. Das Dorsalfeld des Propodeums ist hinten abgerundet mit kräftiger Felderung.

Größe: ♀ 6-8 mm, ♂ 5-6,5 mm

Verbreitung: Zentral- und Südeuropa, Nordafrika.

Lebensraum: Warme Sandgebiete wie Dünen, Trockenrasen, Silbergrasfluren, lichte Eichen-Kiefernwälder.

Lebensweise: Das Nest wird an sonnenexponierten, steilen Sandböschungen gegraben. Es enthält vermutlich nur eine Zelle, die mit kleinen Zikaden, meist aus der Familie Cicadellidae, versorgt wird. Beim Transport wird die Beute mit den Mandibeln an den Fühlern gehalten.

Weitere Arten:

Alysson ratzeburgi Dahlbom, 1843: Das 1. Abdominalsegment ist schwarz, das Dorsalfeld des Propodeums besitzt kräftige Längsrippen. Beim ♂ ist der Clypeus gelb. Die Art ist mehr im Norden (Schweden, Norwegen, Finnland) verbreitet und fehlt im Süden seit mehr als 50 Jahren.

Alysson perthesii Gorski, 1852: Eine seltene Art, die in wenigen Exemplaren im östlichen Europa, Österreich und Frankreich sowie in Korea und Japan gefunden wurde.

Alysson tricolor Lepeletier & Serville, 1825: Beim ♀ ist der Thorax fast ganz rot, beim ♂ sind Prothorax und Scutellum gelb gefleckt. Die sehr seltene Art ist in Deutschland nur aus der Oberrheinebene bekannt; ältere Nachweise auch aus Österreich und der Schweiz.

Gattung ***Didineis*** Wesmael, 1852

Ähnlich *Alysson*, jedoch ohne weiße Abdominalzeichnung.

Didineis lunicornis (Fabricius, 1798): Eine in Europa verbreitete, aber sehr seltene Art mit teilweise roten Beinen. Beutetiere sind Zikaden (Hemiptera) von unterschliedlicher Größe.

Alysson spinosus ♀

Didineis lunicornis ♂

Tribus Nyssonini LATREILLE, 1804
Gattung ***Nysson*** LATREILLE, 1802

Nysson sind kleine bis mittelgroße Grabwespen von kurzer, gedrungener Gestalt. Die Grundfärbung ist schwarz, bisweilen ist der Hinterleib schwarz mit rot gefärbt oder er trägt schmale gelbe oder weiße Bindenflecken. Die Merkmale zur Unterscheidung der Arten sind nicht immer ausgeprägt und variieren individuell, so dass ihre Bestimmung oft schwierig ist. Alle Arten sind Parasitoide bei Grabwespen der Gattungen *Alysson, Argogorytes, Gorytes, Harpactus* und *Hoplisoides*.

Nysson distinguendus CHEVRIER, 1867

Kennzeichen: Sehr ähnlich *N. dimidiatus*. Der Körper ist schwarz mit weißen Flecken auf Thorax und Abdomen. Die Beine sind größtenteils rot. Beim ♀ ist auch das 1. Abdominalsegment rot gefärbt und besitzt 2 weiße Seitenflecken (*N. dimidiatus* hat keine weißen Flecken auf Segement I). Beim ♂ sind die Seitenflecke auf Segment I etwa ebenso groß wie auf Segment II (bei *N. dimidiatus* sind sie kleiner).

Größe: ♀ 5-6 mm, ♂ 4,5-5 mm

Verbreitung: Europa, Kleinasien, vorwiegend in ausgedehnten Sandgebieten im Süden.

Lebensraum: Großflächige Flugsanddünen, Silbergrasfluren und Flusssandterrassen.

Lebensweise: Als Wirte kommen lokal *Alysson spinosus, Harpactus lunatus* und *H. elegans*, evtl. auch *H. tumidus* und *H. laevis* in Frage.

Nysson maculosus (GMELIN, 1790)

Kennzeichen: Auf dem schwarzen Thorax sind weißgelb: ein Band auf dem Collare, der Pronotallobus und häufig ein Fleck auf dem Scutellum. Die Beine sind größtenteils rotbraun oder gelblich, die Femora sind teilweise schwarz. Beim ♀ sind Tergit I und manchmal die Seiten von Tergit II rot, beim ♂ schwarz. Die Tergite I-III haben blaßgelbe Seitenflecken. Das Endtergit des ♂ ist ausgeschnitten mit zwei Seitenzähnen. Das letzte Antennenglied des ♂ ist stark gebogen.

Größe: ♂ + ♀: 6-8 mm

Flugzeit: Juni bis August

Verbreitung: Von Europa über Kasachstan bis Korea und China. In Deutschland ist sie die häufigste *Nysson*-Art, obwohl sie nicht überall vorkommt.

Lebensraum: Die Art bewohnt trockene, sandige Gebiete, Waldränder und Trockenrasen.

Lebensweise: Die Wespe ist wahrscheinlich Parasitoid von *Gorytes quadrifasciatus, G. quinquecinctus, Harpactus lunatus* und *H. tumidus*. Das sehr kleine Ei wird unter den Flügel einer der paralysierten Zikaden gelegt, anschließend wird das fremde Nest wieder sorgfältig verschlossen.

Nysson distinguendus ♀

Nysson maculosus ♂

Nysson niger CHEVRIER, 1868

Kennzeichen: Das Abdomen ist ohne Rotfärbung. Collare und Pronotallobus sind gelb gefleckt, das Scutellum ist schwarz. Die Beine sind überwiegend rotbraun.

Größe: ♂ + ♀: 6-8 mm

Flugzeit: Juni bis August

Verbreitung: Eine südliche Art mit einer weiten Verbreitung in Zentral- und Osteuropa, Finnland und Schweden, östlich bis Kasachstan, Mongolei und China.

Lebensraum: Warme Sandgebiete im Verbreitungsbereich von *Gorytes laticinctus*. Die Art hält sich vorzugsweise zusammen mit ihrem mutmasslichen Wirt auf Eichengebüsch auf.

Lebensweise: Neben *Gorytes laticinctus* kommt auch *Hoplisoides punctuosus* als Wirt in Betracht.

Weitere Arten:

Nysson dimidiatus JURINE, 1807: Sehr ähnlich *N. distinguendus*. Sie ist weit verbreitet von Spanien bis Finnland und Norwegen, ist aber kein ausgesprochener Sandbewohner.

Nysson fulvipes A. COSTA, 1859: nur ein Exemplar der thermophilen Art bei Wien bekannt.

Nysson ganglbaueri KOHL, 1912: Eine alpine Art in Österreich und der Schweiz bis 2000 m.

Nysson hrubanti BALTHASAR, 1972: Eine sehr seltene, wenig bekannte Art, die neuerdings in mehreren Bundesländern gefunden wurde.

Nysson interruptus (FABRICIUS, 1798): Die mediterrane Art ist an die wärmsten Sandbiotope gebunden, sie ist in Mitteleuropa sehr selten.

Nysson mimulus VALKEILA, 1964: Die Art ist *N. dimidiatus* sehr ähnlich. Sie wurde u. a. in den Alpen und in Schweden gefunden, in Finnland ist sie offenbar häufiger, fehlt in Deutschland.

Nysson quadriguttatus SPINOLA, 1808: Eine sehr seltene Art mit östlicher Verbreitung.

Nysson spinosus (FORSTER, 1771): Mit 7-10 mm ist sie die größte und häufigste *Nysson*-Art in Europa. Von Spanien bis Skandinavien.

Nysson tridens GERSTAECKER, 1867: Die Art ist in Europa weit verbreitet, sie tritt aber nur sporadisch in Flugsandgebieten auf und ist derzeit eher selten.

Nysson trimaculatus (ROSSI, 1790): Sehr ähnlich *N. niger*. In Europa weit verbreitet.

Nysson variabilis CHEVRIER, 1867: In Zentraleuropa ebenfalls eine sehr seltene Art, die in Deutschland wahrscheinlich ausgestorben ist.

Gattung ***Brachystegus*** A. COSTA, 1859

Brachystegus scalaris (ILLIGER, 1807): Hinter den Fühlern befindet sich im Unterschied zu *Nysson* ein scharfer Längshöcker. Die Tibien sind außen mit kurzen Dornen besetzt. Eine seltene, mediterrane Art, die bei *Tachytes panzeri* parasitiert. Sie wurde in Deutschland seit über 60 Jahren nicht mehr nachgewiesen.

Nysson niger ♂

Nysson maculosus ♀

Subtribus Exeirina Dalla Torre, 1897
Gattung *Argogorytes* Ashmead, 1899

Die beiden einheimischen Arten haben durch ihre schlanke Gestalt und den gelb gebänderten Hinterleib eine große Ähnlichkeit mit solitären Faltenwespen (Eumenidae). In der Ruhe falten sie aber nicht wie diese ihre Flügel in Längsrichtung zusammen. Auf dem Scutellum befindet sich eine kleine flache Grube. Von 8 paläarktischen Arten kommen zwei im Gebiet vor.

Argogorytes mystaceus (Linnaeus, 1761)

Kennzeichen: Die inneren Augenränder sind leicht eingebuchtet. Der Clypeus trägt ein breites, manchmal unterbrochenes gelbes Querband. Das gelbe Band von Tergit IV ist häufig reduziert bis fehlend. Das Metanotum ist meist gelb gefleckt. Die hinteren Femora sind beim ♀ schwarz, höchstens an der Spitze rot.

Größe: ♀ 10-14 mm, ♂ 8-11 mm

Flugzeit: Mai bis Juli

Verbreitung: Vom Mittelmeer bis weit nach Nordeuropa.

Lebensraum: Die anspruchslose Art besiedelt sowohl warme und trockene als auch feuchte und kühle Lagen; sie kommt in den Sandgebieten ebenso vor wie z. B. im Buntsandstein. Sie wird vor allem auf schattigen Waldwegen und Auwaldrändern, an Büschen, Farnen und Brennesseln angetroffen.

Lebensweise: Die Weibchen nisten im Boden an gut besonnten, trockenen Stellen, häufig an Waldrändern und Böschungen. Die Nester enthalten in etwa 10 cm Tiefe 6-9 Zellen. Die Beutetiere sind Nymphen von Schaumzikaden der Gattungen *Philaenus* und *Aphrophora* (Cercopidae). Diese werden in ihren Schaumnestern an Pflanzenstängeln aufgespürt, durch Eintauchen der Hinterleibspitze in den Schaum gestochen und mit den Mittelbeinen herausgehoben. Bevor die Wespe mit ihrer Beute das Nest anfliegt, reinigt sie sich sehr gründlich auf einem Ruheplatz vom anhaftenden Schaum. Die Männchen dieser Art haben eine eigentümliche Beziehung zu den Blüten der Fliegenragwurz (*Ophrys insectifera*) entwickelt. Die Orchideenblüten locken mit einem, dem weiblichen Lockduft dieser Wespe ähnlichen Geruch die *Argogorytes*-Männchen an, die bei ihren Kopulationsversuchen auf der Blüte mit den Pollinien behaftet werden, die sie dann auf weitere Blüten tragen.

Weitere Art:

Argogorytes fargei (Shuckard, 1837): Bei der viel selteneren Art sind die vier Hinterleibsbinden mehr weißlichgelb, beim ♀ sind die Hinterfemora größtenteils rot, die Binde auf Tergit IV ist gut entwickelt. Beim ♂ sind die Antennen sehr lang und die Tibien sind gelb.

Argogorytes mystaceus ♂

Argogorytes mystaceus ♀

Subtribus Gorytina LEPELETIER, 1845
Gattung *Harpactus* SHUCKARD, 1837

Harpactus-Arten sind kleine, lebhafte, manchmal sehr bunt gefärbte Wespen mit breiter, flacher Stirn, parallelen inneren Augenrändern und zweizähnigen Mandibeln. Die hinteren Ecken des Mesonotums sind nach innen eingeschlagen. Im Hinterflügel entspringt die Medialader hinter der Submedianzelle. Von etwa 40 paläarktischen Arten kommen 8 Arten im Gebiet vor.

Harpactus elegans (LEPELETIER, 1832)

Kennzeichen: Kopf, Thorax sowie die Abdominaltergite III und IV tragen gelbe und weiße Flecken bzw. Bänder. Die Hinterleibsbasis ist rot gefärbt. ♀: Die Femora sind schwarz, auf der Unterseite breit gelb gefleckt. Die Tibien sind gelb, hinten dunkel gefleckt. ♂: Die Stirn über den Fühlern ist gelb. Auch Abdominaltergit V besitzt eine schmale gelbe Binde. Die Beine sind fast vollständig gelb, nur die Tibien II und III sind gefleckt. Das 10. Antennenglied ist tief ausgeschnitten, innen gelb. Die Vordertarsen sind ohne Kammborsten.

Größe: ♀ 7-8,5 mm, ♂ 6-7,5 mm

Flugzeit: Mai bis Ende Juni

Verbreitung: Süd- und Zentraleuropa, Türkei. Die mediterrane Art ist in Deutschland sehr selten, erst in den letzten Jahren wird sie im Süden wieder etwas häufiger gefunden.

Lebensraum: Warme Sand- und Lößgebiete, Silbergrasfluren.

Lebensweise: Das Nest der gesellig nistenden Art besteht aus einem 10 cm langen, flachen Gang, der in eine oder wenige Zellen mündet. Als Larvennahrung werden Kleinzikaden, Issidae (Fulgoromorpha) eingetragen, denen das Weibchen meist auf stark besonntem Eichengebüsch nachstellt.

Harpactus elegans ♂

Harpactus elegans ♀

Harpactus formosus (JURINE, 1807)

Kennzeichen: Der Thorax ist ausgedehnt rot gefärbt, nur die Dorsalfläche des Propodeums ist schwarz. Die inneren Augenränder sind gelblich, ebenso die Seitenflecken auf den Segmenten I und II. Das 10. Antennenglied des Männchens ist nur schwach ausgeschnitten.

Größe: ♀ 7-8,5 mm, ♂ 5,5-7 mm

Verbreitung: Südeuropa, Zentraleuropa, Nordafrika, Türkei. Die Art wurde nördlich der Alpen nur in wenigen Exemplaren gefunden.

Lebensraum: Warme Sand- und Lößgebiete, Silbergrasfluren.

Lebensweise: Über die Lebensweise der sehr seltenen Art ist nichts bekannt. Sie dürfte aber derjenigen von *H. elegans* entsprechen.

Harpactus laevis (LATREILLE, 1792)

Kennzeichen: *H. laevis* ist *H. formosus* sehr ähnlich, bei ihr ist jedoch auch das Dorsalfeld des Propodeums rot.

Größe: ♀ 7-9 mm, ♂ 6-7 mm

Flugzeit: Juni bis August

Verbreitung: Südeuropa, Zentraleuropa, Nordafrika, Kleinasien.

Lebensraum: Großflächige und reich strukturierte Offenlandschaften, warme, windgeschützte Waldränder und Wiesen, Lößhänge und Weinberge.

Lebensweise: Das Nest ist ein 15 cm tiefer, einfacher Bau mit einer einzigen Zelle. Erbeutet werden die Larven, seltener die Imagines, von Kleinzikaden.

Harpactus formosus ♀

Harpactus laevis ♀

Harpactus lunatus (Dahlbom, 1832)

Kennzeichen: Der Thorax ist schwarz. Das 2. Hinterleibsegment besitzt eine charakteristische weiße Binde, die vorn winklig ausgeschnitten ist. Das 5. Segment trägt einen weißen Fleck. Die Beine sind rotbraun, teilweise geschwärzt.

Größe: ♀ 6-6,5 mm, ♂ 5-6 mm

Flugzeit: Mai bis Juli

Verbreitung: Zentral- und Nordeuropa. Die weniger kälteempfindliche Art steigt in den Alpen bis 2000 m NN.

Lebensraum: Die Art bevorzugt warme Sandgebiete und lebt auf Trockenrasen, in lichten Eichen-Kiefernwäldern, in Kiesgruben, Parks und im Siedlungsgebiet.

Lebensweise: Das Nest liegt nur wenige Zentimeter tief im Sand. Es besteht aus 1-3 Zellen, die mit 5-6 Larven, seltener adulten Zikaden versorgt werden.

Harpactus tumidus (Panzer, 1801)

Kennzeichen: Der Thorax ist schwarz. Die beiden ersten Hinterleibsegmente sind rot, das zweite ist meist jederseits gelb gefleckt, das 5. trägt eine weiße Binde. Das Scutellum ist meist weiß gefleckt. Am oberen Augenrand befindet sich ein kleiner roter Fleck.

Größe: ♀ 6,5-7,5 mm, ♂ 6-7 mm

Flugzeit: Mai bis Juli

Verbreitung: Europa, vom Mittelmeer bis Finnland. In Deutschland lebt sie weit zerstreut in den Sandgebieten, ist aber nirgends zahlreich.

Lebensraum: Warme Sandgebiete, Trockenrasen, windgeschützte Waldränder.

Lebensweise: Das Nest wird im sandigen Boden angelegt. Am Ende eines steil absteigenden, etwa 7 cm langen Ganges liegen mehrere Zellen, in die 5-8 Nymphen von Kleinzikaden eingetragen werden.

Weitere Arten:

Harpactus affinis (Spinola, 1808): Die Süd- und zentraleuropäische Art wurde nur selten gefunden. Das Dorsalfeld des Propodeums ist kürzer als breit.

Harpactus exiguus (Handlirsch, 1888): Die ebenfalls sehr seltene, mediterrane Art unterscheidet sich von *H. elegans* vor allem durch den schmaleren gelben Streifen an den Innenrändern der Augen und durch die Struktur der Mesopleuren und des Propodeums. Sie wurde in Deutschland in den Sandgebieten der Rheinebene gefunden.

Harpactus moravicus (Snoflak, 1943): Eine im Südosten verbreitete Art mit Funden in Österreich (2), Tschechien, Bulgarien, Ungarn, Italien und Griechenland.

Harpactus lunatus ♀

Harpactus tumidus ♂

Neben den in den Bestimmungsschlüsseln aufgeführten Merkmalen unterscheidet sich *Gorytes* von den ähnlichen *Argogorytes* durch den geraden, nach unten konvergierenden Augeninnenrand und den auf dem 1. Vordertarsus beim Weibchen gut entwickelten Tarsenkamm. Die Bestimmung von *Gorytes*-Arten ist vor allem bei den Männchen ohne Vergleichsmaterial schwierig.

Gorytes laticinctus (LEPELETIER, 1832)

Kennzeichen: Die Art ist durch die ungeteilten gelben Hinterleibsbinden, wovon die 2. meist die doppelte Breite aufweist, gut gekennzeichnet. Auch die Vorderseite des Kopfes ist ausgedehnt gelb gefärbt: Clypeus, Labrum, die Gesichtsseiten und zwei große Flecken oberhalb der Fühlerbasen.

Größe: ♀ 10-13 mm, ♂ 9-11 mm

Flugzeit: Juni bis August

Verbreitung: Europa, Nordafrika, Kleinasien. Im Norden bis zum 62. Breitengrad.

Lebensraum: Die weniger kälteempfindliche Art kommt in warmen und kalten Lagen vor. Sie dringt bis in den menschlichen Bereich in Parks und Gärten vor und nistet selbst in Blumenkästen auf Balkonen in den oberen Etagen.

Lebensweise: Die Weibchen nisten bevorzugt an regengeschützten Stellen auf sandigem Grund, nicht selten in natürlichen Bodenvertiefungen und Trittspuren. Nach 10 cm krümmt sich der nach unten führende Nestgang leicht nach oben. Am Ende von kurzen Seitengängen liegen hier bis zu 7 Zellen, die vor allem mit Schaumzikaden (*Philaenus spumarius* L.) versorgt werden.

Gorytes quadrifasciatus (FABRICIUS, 1804)

Kennzeichen: Die gelben Hinterleibsbinden sind schmal. Der Pronotallobus ist schwarz. ♀: Der Clypeus ist ganz oder teilweise schwarz. Das Gesicht ist nur neben den Fühlergruben gelb gefleckt. ♂: Der Raum zwischen Clypeus und Fühlerbasis ist schwarz.

Größe: ♀ 8-11 mm, ♂ 7-9 mm

Flugzeit: Juni bis August

Verbreitung: *G. quadrifasciatus* ist in Europa und Asien weit verbreitet, in Deutschland ist sie selten.

Lebensraum: Die Art besitzt eine breite ökologische Valenz und bewohnt trockene wie feuchte Biotope.

Lebensweise: Die Weibchen nisten auf kahlen Sandflächen und Dünen, aber auch auf lehmigen Böden. Ihre Beutetiere sind vorwiegend Schaumzikaden (*Philaenus spumarius* L.).

Gorytes laticinctus ♀

Gorytes quadrifasciatus ♂

Gorytes quinquecinctus (Fabricius, 1793)

Kennzeichen: Pronotallobus und Episternum sind meist gelb gefleckt. Die Mesopleuren sind glatt und nicht punktiert. Der Clypeus ist gelb, das Labrum ist schwarz. Eine gelbe Linie entlang dem Innenrand der Augen ist beim ♂ geringer ausgebildet oder sie fehlt ganz. Hintertrochanter und Hinterfemora sind gelb. Die Hinterleibsbinden sind nicht unterbrochen. Das Mesonotum ist deutlich punktiert. Das ♂ ist von *G. quinquefasciatus* nur schwer zu unterscheiden. Der Fühlerschaft ist unten gelb, die Geißel ist schwarz. Die Gelbfärbung ist gegenüber dem ♀ stark reduziert, z. T. fehlend.

Größe: ♀ 10-13 mm, ♂ 9-11 mm

Flugzeit: Juni bis September

Verbreitung: Europa vom Süden bis Finnland, Kleinasien, Kasachstan.

Lebensraum: Sandgebiete, Trocken- und Steppenrasen, lichte Eichen-Kiefernwälder, Waldränder und lichte Auwaldstellen. Die Wespe kommt nicht überall vor, dennoch ist sie meist nicht selten und gilt als die häufigste *Gorytes*-Art.

Lebensweise: Auch die Männchen dieser Art besuchen die Blüten der Fliegenragwurz (*Ophrys insectifera*), sie haben aber für deren Bestäubung eine viel geringere Bedeutung als die beiden *Argogorytes*-Arten. Die Beutetiere sind verschiedene Arten von Schaumzikaden der Gattung *Philaenus* (Cercopidae, Cicadina).

Gorytes quinquefasciatus (Panzer, 1798)

Kennzeichen: *G. quinquefasciatus* ist nur mit dem Schlüssel von der sehr ähnlichen *G. quinquecinctus* zu unterscheiden. Die Körperfärbung ist variabel.

Größe: ♀ 10-13 mm ♂ 9-11 mm

Flugzeit: Juni bis August

Verbreitung: Die Art ist vor allem in Südeuropa, Nordafrika und Kleinasien verbreitet, in Deutschland und den Nachbarländern ist sie lokal und selten.

Lebensraum: *G. quinquefasciatus* bewohnt schütter bewachsene Sandflächen und warme, windgeschützte Waldränder, sie ist aber kein ausgesprochenes Sandtier.

Lebensweise: Die Weibchen nisten wie die anderen *Gorytes*-Arten im Boden und tragen adulte Schaumzikaden (Cercopidae) ein.

Gorytes quinquecinctus ♂

Gorytes quinquefasciatus ♂

Weitere Arten und Gattungen:

Gorytes albidulus (LEPELETIER, 1832): Die Körperzeichnung ist weißgelb bis ganz weiß. 7-10 mm. Eine sehr seltene, wärmeliebende Art. Aus Deutschland liegen keine aktuellen Fundmitteilungen vor.

Gorytes fallax HANDLIRSCH, 1888: Eine seltene, wärmeliebende Art, die *G. quinquecinctus* sehr ähnlich ist.

Gorytes nigrifacies (MOCSARY, 1879): Süd- und Zentraleuropa, Ungarn, Österreich, Tschechien.

Gorytes planifrons (WESMAEL, 1852): Sehr seltene Art mit großem Wärmebedürfnis und weiter Verbreitung von Spanien bis Finnland.

Gorytes pleuripunctatus (A. COSTA, 1859): Süd- und Zentraleuropa; Österreich, Schweiz.

Gorytes schletteri HANDLIRSCH, 1893: Eine seltene Gebirgsart, die nur in den Alpen vorkommt.

Gorytes sulcifrons (A. COSTA, 1869): Eine sehr seltene, südliche Art, die große Ähnlichkeit mit *G. quiquecinctus* besitzt. Das Mesonotum ist nur sehr undeutlich punktiert. Aus Deutschland liegen keine aktuellen Funde vor. Aktuell in Niederösterreich gefunden.

Gattung ***Lestiphorus*** LEPELETIER, 1832

Das erste Hinterleibsegment ist am Ende stark eingeschnürt und knotenförmig. In Zentraleuropa leben nur zwei seltene Arten. Sie nisten im Boden und tragen Zikaden als Larvennahrung ein.

Lestiphorus bicinctus (ROSSI, 1794): Eine vorwiegend südlich verbreitete Art, die sich in den letzten Jahren weiter nach Norden ausgebreitet hat.

Lestiphorus bilunulatus A. COSTA, 1869: Eine ebenfalls sehr seltene Art, die im Gegensatz zu *L. bicinctus* auf dem 2. Segment keine Binde sondern 2 getrennte gelbe Flecken trägt. In Deutschland nur aus Baden-Württemberg bekannt, letzter Fund 1971. Aktuelle Funde aus dem Burgenland in Österreich.

Gattung ***Oryttus*** SPINOLA, 1836

Oryttus concinnus (ROSSI, 1790): Die mediterrane Art mit rotem Thorax steht der Gattung *Harpactus* sehr nahe. Sie wurde 2008 in Heidelberg gefunden, vermutlich eingeschleppt.

Gattung ***Hoplisoides*** GRIBODO, 1884

Die Augen stehen weit auseinander, ihre Innenränder sind parallel. Die Fühlerbasen liegen dicht am Clypeus.

Hoplisoides latifrons (SPINOLA, 1808): Bekannt aus Österreich und der Schweiz wurde wie die folgende Art in den letzten Jahren in Deutschland nicht mehr gefunden.

Hoplisoides punctuosus (EVERSMANN, 1849): Eine seltene mediterrane Art, die in Deutschland ausgestorben ist.

Gorytes fallax ♂

Gorytes quinquecinctus ♂

Subtribus Sticina A. Costa,1859
Gattung *Bembecinus* A. Costa, 1859

Die Augen konvergieren stark nach unten, die Ocellen sind nicht verformt. Die Hinterwand des Propodeums ist konkav, die meist gekerbten Seitenecken treten leistenartig hervor. Das Ei wird in die noch leere Zelle auf eine kleine Erhöhung aus Sandkörnern gelegt. Frühestens einen Tag danach, kurz vor dem Schlüpfen der Larve, werden die ersten Beutetiere eingetragen. Von 31 paläarktischen Arten kommen nur zwei im Gebiet vor.

Bembecinus tridens (Fabricius, 1781)

Kennzeichen: Die gelbe Binde des ersten Hinterleibsegments ist nicht unterbrochen. Der Clypeus der Weibchen ist schwarz. Das 11. Fühlerglied der Männchen besitzt am Ende einen dornartigen Fortsatz, das 13. Glied ist ausgebuchtet und zugespitzt.

Größe: ♀ + ♂: 7-11 mm

Flugzeit: Mitte Mai bis August

Verbreitung: Südeuropa, Nordafrika, die gemäßigten Teile Asiens. Die sehr wärmeliebende, mediterrane Art erreicht etwa in der Mark Brandenburg ihre nördliche Verbreitungsgrenze. In den letzten Jahren hat sich die Art in Deutschland wieder ausgebreitet und hat an den bekannten Vorkommen in Franken zahlenmäßig stark zugenommen.

Lebensraum: Warme Flusssandterrassen, Silbergrasfluren, Flugsanddünen, Lößgebiete.

Lebensweise: Mit steil aufgerichtetem Hinterleib scharren die Weibchen in kleinen Gemeinschaften ihre einfachen, bis 20 cm langen Gänge in den Sand. Die Nester enthalten eine, höchstens zwei Kammern, die erst nach der Ablage des Eies in die noch leere Zelle mit gelähmten Kleinzikaden (Cercopidae), vor allem Schaumzikaden (*Philaenus spumarius* L.), verproviantiert werden.

Weitere Art:

Bembecinus hungaricus (Frivaldszky, 1876): Die erste Segmentbinde ist breit unterbrochen. Die Submarginalzelle II ist fast immer kurz gestielt. Ein aktuelles Vorkommen der aus Südeuropa und Kleinasien bekannten Art in Deutschland ist fraglich. In Niederösterreich ist nur ein Standort bekannt.

Bembecinus tridens ♂

Bembecinus tridens ♀

Subtribus Bembicina LATREILLE, 1802
Gattung ***Bembix*** FABRICIUS, 1775

Das Labrum ist stark verlängert und am Ende zugespitzt. Der mittlere Ocellus ist zu einer schmalen, winkelförmigen Linie reduziert.

Bembix rostrata (LINNAEUS, 1758) – Kreiselwespe

Kennzeichen: Das Labrum ist gelb, lang und schnabelartig. Die grüngelben Binden auf den Segmenten II und V sind vorn zweimal tief ausgebuchtet.

Größe: ♀ + ♂: 17-24 mm

Flugzeit: Juni bis August

Verbreitung: Europa, vor allem im Süden, Nordafrika, Türkei, Zentralasien. In Europa nördlich bis Dänemark und Schweden, hier aber nur punktuell in Sandgebieten.

Lebensraum: Warme, feinsandige Flusssandterrassen, Flugsanddünen, Silbergrasfluren.

Lebensweise: Die Weibchen nisten bevorzugt in größeren Gemeinschaften und behalten ihre Nistplätze in der Regel über viele Jahre bei. Der Nestbau erfolgt durch synchrone Scharrbewegungen der Vorderbeine, die einen langen, kräftigen Tarsenkamm besitzen. Beim Scharren wird der Sand, einer kleinen Fontäne gleich, unter dem Körper hindurch nach hinten geschleudert. Auf die gleiche Weise, nur in umgekehrter Stellung, wird der Nesteingang beim Verlassen stets wieder verschlossen. Das Nest besteht aus einem kurzen, im Winkel von 45 Grad abwärts führenden Gang von 10-20 cm Länge und einer einzigen Zelle. Die Weibchen betreiben eine regelrechte Brutpflege, die bei Grabwespen sonst sehr selten ist. Zunächst wird eine relativ kleine Fliege eingetragen, auf die das Ei gelegt wird. Während die Larve innerhalb weniger Tage schlüpft und die Fliege verzehrt, errichtet das Weibchen in der Nähe ein weiteres Nest. Es kehrt aber immer wieder zum ersten Nest zurück und versorgt die wachsende Larve ständig mit frischer Nahrung. Diese besteht nunmehr aus größeren Fliegen, hauptsächlich aus Schwebfliegen (Syrphidae) aber auch aus Therevidae, Tabanidae, Asilidae oder Bombyliidae.

Weitere Art:

Bembix tarsata LATREILLE, 1809: Die südeuropäische Art wurde in Österreich und der Schweiz gefunden, in Deutschland gilt sie seit dem 19. Jahrhundert als ausgestorben.

Bembix rostrata ♂

Bembix rostrata ♀

Unterfamilie **Philanthinae** Latreille, 1802
Tribus Philantini Latreille, 1802
Subtribus Philanthina Latreille, 1802
Gattung ***Philanthus*** Fabricius, 1790

Das Abdomen ist gelb gebändert. Die Innenränder der Augen sind leicht eingebuchtet. Die Weibchen besitzen einen starken Tarsenkamm. Ein Pygidialfeld ist nicht vorhanden.

Philanthus triangulum (Fabricius, 1775) – Bienenwolf

Kennzeichen: Die wespenähnliche Bänderung des Hinterleibs und die Rotfärbung der Wangen und des Hinterkopfes sind sehr veränderlich. Die schwarzen Basalbereiche der Tergite I-IV sind dreieckig. ♀: Oberhalb des weißen Clypeus befindet sich ein V-förmiger heller Fleck. ♂: Der helle, dreiästige Fleck auf der Stirn ist charakteristisch.

Größe: ♀ 13-17 mm, ♂ 8-10 mm

Flugzeit: Mai bis September

Verbreitung: Europa, Afrika, Zentralasien. In Europa ist die Grabwespe vor allem in den wärmeren Sandgebieten im Süden verbreitet. Der Bestand der Art und ihr Vordringen nach Norden unterliegen starken jährlichen Schwankungen.

Lebensraum: Sandflächen, Böschungen, Ödland auch mit lehmigem Grund, sowie schütterer Trockenrasen.

Lebensweise: Die Weibchen bilden häufig Nistgemeinschaften von mehreren Hundert Tieren. Das Nest besteht aus einem bis zu 1 Meter langen Hauptgang, von dem im letzten Abschnitt mehrere, bis zu 30 cm lange Seitengänge rechtwinklig abzweigen. Die Seitengänge münden jeweils in eine Zelle. Sie werden ausschließlich mit Honigbienen (*Apis mellifera*) verproviantiert, die meist beim Blütenbesuch ergriffen und durch einen Stich in die weichen Gelenkhäute der Coxen und des Halses paralysiert werden. Die Beute wird fliegend zum Nest gebracht. Die Larvenkammern für weibliche Nachkommen werden mit 3-5 Bienen versorgt, für die deutlich kleineren Männchen genügen 1-2 Bienen.

Weitere Arten:

Philanthus coronatus (Thunberg, 1784): Eine sehr seltene, im ♂ 11-15 mm, ♀ 14-19 mm große, mediterrane Art, die neuerdings nach über 20 Jahren am Oberrhein, in Nordbayern und Hessen sowie in Österreich wieder gefunden wurde. Das Dorsalfeld des Propodeums ist nicht punktiert und unbehaart. Beim ♀ sind die gelben Flecken auf Tergit III am breitesten, der Hinterfemur ist gelbbraun. Beim ♂ ist das Scutellum schwarz.

Philanthus venustus (Rossi, 1790): Ähnlich *Ph. coronatus*, mit 6-11 mm aber kleiner. Im Norden ihres Verbreitungsgebietes sind einige Exemplare aus der Schweiz, Österreich und Ungarn bekannt.

Philanthus triangulum ♂

Philanthus triangulum ♀

Tribus Cercerini LEPELETIER, 1845
Gattung *Cerceris* LATREILLE, 1802

Die mittelgroßen bis großen Grabwespen mit gelb gebändertem Hinterleib sind an den starken Einschnürungen der Hinterleibsegmente und dem kurzen, knotenförmigen ersten Segment leicht zu erkennen. Der Körper ist stark punktiert, die zweite Submarginalzelle im Vorderflügel ist gestielt. Alle Arten nisten im Boden. Ihre Beutetiere sind bei einigen Arten Käfer, bei anderen Bienen. Wegen der großen Ähnlichkeit der Zeichnung und einer starken Variabilität der Gelbfärbung sind die meisten Arten nur mit Hilfe des Schlüssels sicher zu bestimmen.

Arten mit regelmäßig gebändertem Hinterleib:

Cerceris arenaria (LINNAEUS, 1758)

Kennzeichen: ♀: Die Lamelle am vorderen Clypeusrand ist weit abstehend, das stark entwickelte Pygidialfeld ist rechteckig. Die Beine sind schwarz und gelb, teilweise rot. ♂: Das letzte Fühlerglied ist deutlich gebogen und unten mit längeren Häarchen besetzt.

Größe: ♀ 11-16 mm, ♂ 9-15 mm

Flugzeit: Juni bis September

Verbreitung: Die Art ist in der paläarktischen Region weit verbreitet und selbst in den nördlichen Ländern lokal sehr häufig.

Lebensraum: *C. arenaria* bevorzugt sandige, trockene Biotope mit spärlicher Vegetation.

Lebensweise: Häufig nisten mehrere Hundert Weibchen gemeinsam auf ebenen, sandigen Flächen, an Böschungen und an Wegrändern. Der Bau ist 10-30 cm tief und enthält am Ende von kurzen Seitengängen mehrere Zellen. Diese werden entsprechend der Größe der Beute mit 5-12 Rüsselkäfern (Curculionidae) verproviantiert.

Cerceris arenaria ♂

Cerceris arenaria ♀

Cerceris quadrifasciata (PANZER, 1799)

Kennzeichen: Der Thorax ist ganz schwarz, ausgenommen ein kleiner Fleck seitlich am Pronotum. ♀: Die Segmente II-IV sind am Ende gelb gebändert. ♂: Die Segmente II-V sind gelb gebändert. Der Körper ist lang behaart.

Größe: ♀ 9-12 mm, ♂ 8-10 mm

Flugzeit: Juni bis August

Verbreitung: Europa, Westasien. Die Art erreicht in Schweden und Finnland beinahe den Polarkreis.

Lebensraum: Die Wespe bewohnt Dünensande, Trocken- und Steppenrasen sowie lichte Waldränder, aber auch sumpfige Stellen und feuchte Wiesen.

Lebensweise: Die weniger wärmebedürftige Art ist auch bei trübem und kühlem Wetter noch aktiv. Das Nest enthält gewöhnlich vier Zellen, die mit je etwa 10 kleineren Rüsselkäfern (Curculionidae) verproviantiert werden.

Cerceris quinquefasciata (ROSSI, 1792)

Kennzeichen: Pronotum, Tegulae und Metanotum sind gelb gefleckt. Die Beine sind beim Weibchen gelbrot, beim Männchen gelb. Die Weibchen tragen auf dem Hinterleib 4, die Männchen 4 oder 5 gelbe Binden, die in der Mitte stark verschmälert, manchmal unterbrochen sind. Beim Männchen befindet sich an den rückwärtigen Ecken des 6. Sternits je ein Büschel nach hinten gerichteter, rotgelber Haare.

Größe: ♀ 7-10 mm, ♂ 6-8 mm

Flugzeit: Juni bis September

Verbreitung: Paläarktis, im Süden häufiger als im Norden.

Lebensraum: Warme, trockene Biotope wie Trockenrasen, Silbergrasfluren, Waldränder, Sand- und Kiesgruben. Die Art ist nicht nur auf Sandboden angewiesen.

Lebensweise: Die Nester werden im Boden gegraben und enthalten in 13-20 cm Tiefe etwa 10 Zellen. Sie werden gewöhnlich mit etwa 50 kleineren Rüsselkäfern aus verschiedenen Gattungen verproviantiert.

Cerceris quadrifasciata ♂

Cerceris quinquefasciata ♂

Weitere Arten mit regelmäßiger Bänderung:

Cerceris albofasciata (Rossi, 1790): Die süd- und osteuropäische Art erreicht im Norden Österreich, Tschechien, die Slovakei und Ungarn. Zentralasien bis China und Japan.

Cerceris eversmanni Schulz, 1912: Die Körperzeichnung ist weiß, die Beine sind rot. Verbreitet im Süden und Osten Europas, in Deutschland ausgestorben seit 1850.

Cerceris flavilabris (Fabricius, 1793): Eine seltene, südliche Art mit der Tendenz sich auszubreiten. Ihre Beutetiere sind Rüsselkäfer (Curculionidae).

Cerceris interrupta (Panzer, 1799): Eine seltene, wärmeliebende Art mit weißlicher Zeichung und roten Beinen. Ihre Beutetiere sind Rüsselkäfer.

Cerceris quadricincta (Panzer, 1799): Die seltene, bedrohte Art wurde in den letzten Jahren mehrfach wiedergefunden. Die gelbe Binde von Tergit II ist breiter als von Tergit III. Die Wespe erbeutet Rüsselkäfer.

Cerceris ruficornis (Fabricius, 1793): Ebenfalls eine seltene, wärmeliebende Art, die Rüsselkäfer jagt.

Arten mit unregelmäßig gebändertem Hinterleib:

Cerceris rybyensis (Linnaeus, 1771)

Kennzeichen: Die Färbung des Abdomens ist sehr variabel. Tergit II ist an der Basis gelb, Tergit III ist gelb mit einem großen schwarzen Fleck in der Mitte, Tergit IV ist meist weniger ausgedehnt gelb als Tergit V.

Größe: ♀ 8-12 mm, ♂ 6-10 mm

Flugzeit: Juni bis September

Verbreitung: Paläarktis. *C. rybyensis* ist in allen Sandgebieten, selbst noch in Skandinavien häufig.

Lebensraum: Sandbiotope.

Lebensweise: *C. rybyensis* nistet meist gesellig in sandigen Flächen und Böschungen. Der aus der Tiefe hervorbeförderte Sand bildet um den Eingang einen charakteristischen Hügel mit einer trichterförmigen Öffnung in der Mitte. Der Hauptgang ist 10-15 cm lang und verläuft erst steil abwärts, später horizontal. Am Ende von etwa 7 Seitengängen liegen die olivenförmigen Zellen. Beutetiere sind verschiedene Wildbienenarten der Gattungen *Lasioglossum, Halictus, Andrena* und *Panurgus.*

Cerceris rybyensis ♂

Cerceris rybyensis ♀

Cerceris sabulosa (Panzer, 1799)

Kennzeichen: Sehr ähnlich *Cerceris rybyensis*, aber die Gelbfärbung von Tergit IV ist in beiden Geschlechtern nur etwas weniger ausgedehnt als auf Tergit V.

Größe: ♀ 6-11 mm, ♂ 6-10 mm

Flugzeit: Juni bis September

Verbreitung: Zentral- und Südeuropa, im Norden bis Österreich und Schweiz, in Deutschland in Baden-Württemberg und Bayern sehr selten und bedroht.

Lebensraum: Flugsand- und Lößgebiete.

Lebensweise: Ähnlich wie *Cerceris rybyensis*. Beutetiere sind kleine Bienenarten der Gattungen *Andrena, Halictus, Lasioglossum*.

Weitere Arten mit unregelmäßiger Bänderung:

Cerceris bicincta Klug, 1835: Die mediterrane Art erreicht im Norden Österreich. Beutetiere sind kleine Rüsselkäfer (Chrysomelidae).

Cerceris hortivaga Kohl, 1880: Sehr ähnlich *C. rybyensis*, aber die Tibien sind hinten schwarz gestreift. Ihre Beutetiere sind kleine Wildbienenarten. Lokale Vorkommen in Österreich und der Schweiz, in Deutschland isolierte Vorkommen in Baden-Württemberg, Hessen und Rheinland-Pfalz.

Cerceris circularis (Fabricius, 1804): Die mediterrane Art erreicht in der Unterart *dacica* Schletterer, 1887 im Norden Österreich, die Slowakei und Ungarn.

Cerceris rubida (Jurine, 1807): Die Art bildet im Mittelmeerraum mehrere Unterarten. Im Norden erreicht sie Österreich, Ungarn, die Slovakei und Teile von Russland.

Cerceris sabulosa ♂

Cerceris ruficornis ♂

4 Literaturverzeichnis

ARTMANN-GRAF, G. (2006): Neue und seltene Grabwespen (Hymenoptera: Sphecidae) in der Nordwest- und Zentralschweiz. – bembix 23: 4-7, Bielefeld.

BEAUMONT, J. DE (1964): Insecta Helvetica Fauna 3. Hymenoptera: Sphecidae. 169 pp. Soc. Ent. Suisse, Lausanne.

BITSCH, J. & J. LECLERCQ (1993): Hyménoptères Sphecidae d'Europe occidentale. Vol. 1. Faune de France 79, 325 S. Paris.

BITSCH, J., Y. BARBIER, S.F. GAYUBO, K. SCHMIDT & M. OHL (1997): Hyménoptères Sphecidae d'Europe occidentale. Vol. 2. Faune de France 82, 429 S. Paris.

BITSCH, J., H. DOLLFUSS, Z. BOUCEK, K. SCHMIDT, C. SCHMID-EGGER, S.F. GAYUBO, A.V. ANTROPOV & Y. BARBIER (2001): Hyménoptères Sphecidae d'Europe occidentale. Vol. 3. Faune de France 86, 459 S. Paris.

BLÖSCH, M. (2000): Die Grabwespen Deutschlands – Lebensweise, Verhalten, Verbreitung. – Tierw. Deutschlands, 71, 480 S. Goecke & Evers, Keltern.

BOGUSCH, P. & J. MACEK (2005): *Sceliphron caementarium* (DRURY 1773) in the Czech Republic in 1942 – first record from Europe? – Linzer biol. Beitr. 37/2: 1071-1075; Linz.

BOHART, R.M. & A.S. MENKE (1976): Sphecid wasps of the world. A Generic Revision. – Berkeley, Los Angeles, London: Univ. of California Press, 695 S.

BURGER, F: (2005): Checkliste der Grabwespen (Hymenoptera, »Sphecidae«) Thüringens. – Checklisten Thüringer Insekten und Spinnentiere 13: 29-50, Thüringer Entomologenverband e.V. (Hrsg.), Erfurt.

BURGER, F. (2007): Nachtrag zur Checkliste der Grabwespen (Hymenoptera, »Sphecidae«) Thüringens. – Checklisten Thüringer Insekten- und Spinnentiere 15: 59-60, Thüringer Entomologenverband e.V. (Hrsg.), Erfurt.

BURGER, F. C., SAURE & J. OEHLKE (1998): Rote Liste und Artenliste der Grabwespen und weiterer Hautflüglergruppen des Landes Brandenburg (Hymenoptera: Sphecidae, Vespoidea part., Evanioidea, Trigonalyoidea). – Naturschutz Landschaftspflege Brandenburg 7 (Beilage Heft 2): 24-43, Potsdam.

BURGER, F., K. BREINL & U. FISCHER (2006): Beitrag zur Stechimmenfauna. – in: U. FISCHER, F. BURGER, A. WEIGEL & K. BREINL: Beiträge zur Insekten- und Stechimmenfauna des Erzgebirges und des Sächsischen Vogtlandes (Aculeata, Coleoptera, Araneae/Opiliones). – Mitteilungen Sächsischer Entomologen 5: 73-93, Mittweida.

DATHE, H.H., A. TAEGER & S. BLANK (Hrsg.) (2001): Verzeichnis der

Hautflügler Deutschlands (Entomofauna Germanica 4). Entomol. Nachr. und Berichte, Beiheft 7: 1-178, Leipzig.

DOLLFUSS, H. (1987): Neue und bemerkenswerte Funde von Grabwespen (Hymenoptera, Sphecidae) in Österreich. – Linzer biol. Beiträge 19/1: 17-25.

DOLLFUSS, H. (1991): Bestimmungsschlüssel der Grabwespen Nord- und Zentraleuropas (Hymenoptera, Sphecidae) – Stapflia 24: 247 S., Linz.

GEPP, J. & E. BREGANT (1986): Zur Biologie der synanthropen, in Europa eingeschleppten Orientalischen Mauerwespe *Sceliphron (Prosceliphron) curvatum* (SMITH, 1870) (Hymenoptera, Sphecidae). – Mitt. Naturwiss. Ver. Steiermark 116: 221-240.

GEPP, J. (2003): Verdrängt die eingeschleppte Mauerwespe *Sceliphron curvatum* autochthone Hymenopteren im Südosten Österreichs? – Entomologica Austriaca 8: 18.

HERRMANN, M. (2005): Neue und seltene Stechimmen aus Deutschland (Hymenoptera: Apidae, Sphecidae, Vespidae). – Mitt. Ent. V. Stuttgart, 40: 3-8.

JACOBS H.-J. (2001): Rote Liste der gefährdeten Grabwespen Mecklenburg-Vorpommerns (Hymenoptera Aculeata: Sphecidae). – Umweltministerium Mecklenburg-Vorpommerns (Hrsg.), Schwerin, 1-20.

JACOBS, H.-J. (2007): Die Grabwespen Deutschlands, Ampulicidae, Sphecidae, Crabronidae. Bestimmungsschlüssel. Tierw. Deutschlands 79, 207 S. Goecke & Evers Keltern.

KUHLMANN, M. (1993): Kritisches Verzeichnis ausgewählter Stechimmenfamilien Westfalens (Hym., Aculeata). I Chrysididae, Tiphiidae, Mutillidae, Sapygidae, Pompilidae, Eumenidae, Sphecidae und Apidae (excl. Apinae). – Mitteilungen der Arbeitsgemeinschaft Ostwestfälisch-Lippischer Entomologen 6, 69-85.

MADER, D. (2000): Nistökologie, Biogeographie und Migration der synanthropen Delta-Lehmwespe *Delta unguiculatum* (Eumenidae) in Deutschland und Umgebung. – Dendrocopus 27, erw. Sonderdruck 245 S. Logabook, Köln.

MANDERY, K., M. KRAUS, J. VOITH, K.-H. WICKL, E. SCHEUCHL, J. SCHUBERTH & K. WARNKE (2003): Faunenliste der Bienen und Wespen Bayerns mit Angaben zur Verbreitung und Bestandssituation (Hymenoptera: Aculeata). Beiträge zur bayerischen Entomofaunistik 5, 47-98.

MELO, G.A.R. (1999): Phylogenetic relationships and classification of the major lineages of Apoidea (Hymenoptera), with emphasis on the crabronid wasps. – Scientific Papers. Nat, Hist. Mus., Univ. Kansas, 14: 1-55.

MENKE, A.S. (1997): Family-group Names in Sphecidae (Hymenoptera: Apoidea). – J. Hym. Res., 6: 243-255.

OHL, M. (2001): Sphecidae. – In: Verzeichnis der Hautflügler

Deutschlands. – Entomologische Nachrichten und Berichte, Beiheft 7: 137-143, Dresden

PULAWSKI, W.J. (2011): Family Group Names and Classification. http://research.calacademy.org/sites/research.calacademy.org/files/Departments/ent/sphecidae/Family_group_names_and_classification.pdf.

RENNWALD, K. (2005): Ist *Isodontia mexicana* (Hymenoptera: Sphecidae) in Deutschland bereits bodenständig? – bembix 19: 41-45, Bielefeld.

SCHMID-EGGER, CH. (2005): *Sceliphron curvatum* (F.SMITH 1870) in Europa mit einem Bestimmungsschlüssel für die europäischen und mediterranen *Sceliphron*-Arten (Hymenoptera, Sphecidae). – bembix 19: 7-34, Bielefeld.

SCHMID-EGGER, C. (2010): Rote Liste der Wespen Deutschlands. Hymenoptera Aculeata. – Ampulex 1: 5-40, Berlin.

SCHMID-EGGER, CH. & K. SCHMIDT (1994): *Isodontia mexicana* (Hymenoptera: Sphecidae) im südlichen Mitteleuropa. – bembix, 3, 11-12, Bielefeld.

SCHMID-EGGER, C., S. RISCH & O. NIEHUIS (1995): Die Wildbienen und Wespen in Rheinland-Pfalz (Hymenoptera, Aculeata). Verbreitung, Ökologie und Gefährdungssituation. – Fauna und Flora in Rheinland-Pfalz, Beiheft 16, 1-296, Landau.

SCHMIDT, K. & C. SCHMID-EGGER (1997): Kritisches Verzeichnis der Deutschen Grabwespenarten (Hymenoptera, Sphecidae). – Mitteilungen der Arbeitsgemeinschaft ostwestfälisch-lippischer Entomolgen 13 (Beiheft 3): 1-35.

SCHMIDT, K. (1979): Materialien zur Aufstellung einer Roten Liste der Sphecidae (Grabwespen) Baden-Württembergs. I. Philanthinae und Nyssoninae. – Veröff. Naturschutz Landschaftspflege Bad.-Württ., 49/50: 271-369.

SCHMIDT, K. (1980): Materialien zur Aufstellung einer Roten Liste der Sphecidae (Grabwespen) Baden-Württembergs. II. Crabronini. – Veröff. Naturschutz Landschaftspflege Bad.-Württ., 51/52: 309-398.

SCHMIDT, K. (1981): Materialien zur Aufstellung einer Roten Liste der Sphecidae (Grabwespen) Baden-Württembergs. III. Oxybelini, Larrinae (außer *Trypoxylon*), Astatinae, Sphecinae und Ampulicinae. – Veröff. Naturschutz Landschaftspflege Bad.-Württ., 53/54: 135-234.

SCHMIDT, K. (1983): Materialien zur Aufstellung einer Roten Liste der Sphecidae (Grabwespen) Baden-Württembergs. IV. Pemphredoninae und Trypoxylini. – Veröff. Naturschutz Landschaftspflege Bad.-Württ., 57/58: 219-304.

STALLING, T. (2002): Erster Fortpflanzungsnachweis der Mauerwespe *Sceliphron destillatorium* ILLIGER, 1807 (Hymenoptera: Sphecidae) in Deutschland sowie ihr Auftreten nördlich der Alpen. – Naturschutz südl. Oberrhein 3: 185-188.

THEUNERT, R. (2008): Atlas zur Verbreitung der Grabwespen (Hym.:

Sphecidae s.l.) in Niedersachsen und Bremen (1978-2007). – Oekologiekonsult Schriften 6: 98 S., Hohenhammeln.

Tischendorf, St., U. Frommer, H.-J. Flügel (2011): Kommentierte Rote Liste der Grabwespen Hessens. (Hymenoptera: Crabronidae, Ampulicidae, Sphecidae) – Artenliste, Verbreitung, Gefährdung, 240 S. Hessisches Ministerium für Umwelt, Energie, Landwirtschaft und Verbraucherschutz.

Van der Smissen, J. (1998): Beitrag zur Stechimmenfauna des mittleren und südlichen Schleswig-Holstein und angrenzender Gebiete in Mecklenburg und Niedersachsen. (Hymenoptera Aculeata: Apidae, Chrysididae, »Scolioidea« Vespidae, Pompilidae, Sphecidae). – Mitteilungen der Arbeitsgemeinschaft ostwestfälisch-lippischer Entomologen 14 (Beiheft 4): 1-76, Bielefeld.

Van der Smissen, J. (2001): Die Wildbienen und Wespen Schleswig-Holsteins – Rote Liste, Band 1-3 – Landesamt für Natur und Umwelt des Landes Schleswig-Holstein, Flintbek, 1-138.

Vernier, R. (1995): *Isodontia mexicana* (Sauss.), Sphecini américain naturalisé en Suisse (Hymenoptera, Sphecidae). – Mitt. Schweiz. Ent. Ges. 68: 169-177, Neuenburg.

Westrich, P. (1998): Die Grabwespe Isodontia mexicana (Saussure 1867) nun auch in Deutschland gefunden (Hymenoptera: Sphecidae). – Entomol. Z. 108: 24-25, Frankfurt.

Westrich, P. (2007): Der Stahlblaue Grillenjäger (*Isodontia mexicana*) nun auch im Kaiserstuhl nachgewiesen. – http://www.wildbienen.info/forschung/beobachtung2007.php.

Woydak, H. (1996): Hymenoptera Aculeata Westfalica. Familia: Sphecidae (Grabwespen). – Abhandlungen aus dem Westfälischen Museum für Naturkunde 58 (3): 1-135, Münster.

Zettel, H. (2000): Seltene und bemerkenswerte Grabwespen (Hymenoptera: Spheciformes) aus Österreich. – Beitr. Entomofaunistik 1: 19-33.

Zettel, H. (2003): *Isodontia mexicana* (Saussure, 1867) (Hymenoptera, Sphecidae), a new neozon in Austria. – Beitr. Entomofauna 4: 115-116, Wien.

Zettel, H., H. Wiesbauer & D. Zimmermann (2008): Weitere interessante Grabwespenvorkommen (Hymenoptera: Sphecidae, Crabronidae) im Osten Österreichs. – Beitr. Entomofaunistik, 8: 2-7, Wien.

5 Artenregister

Die abgebildeten Arten sind fett hervorgehoben

Alysson perthesii 178
Alysson ratzeburgi 178
Alysson spinosus 178, 179, 180
Alysson tricolor 178
Ammophila campestris 36, 37
Ammophila heydeni 42, 43
Ammophila hungarica 42
Ammophila pubescens 9, 38, 39
Ammophila sabulosa 36, 40, 41, 42
Ammophila terminata 42
Ammoplanus gegen 80
Ammoplanus handlirschi 80
Ammoplanus hofferi 80
Ammoplanus marathroicus 80
Ammoplanus perrisi 80, 81
Ammoplanus pragensis 80
Ampulex fasciata 16, 17
Argogorytes fargei 184
Argogorytes mystaceus 184, 185
Astata boops 82, 83
Astata costae 84
Astata kashmirensis 84, 85
Astata minor 84, 85

Belomicrus italicus 120
Bembecinus hungaricus 198
Bembecinus tridens 9, 198, 199
Bembix rostrata 9, 200, 201
Bembix tarsata 200
Brachystegus scalaris 182

Cerceris albofasciata 208
Cerceris arenaria 204, 205
Cerceris bicincta 210
Cerceris circularis 210
Cerceris eversmanni 208
Cerceris flavilabris 208
Cerceris hortivaga 210
Cerceris interrupta 208
Cerceris quadricincta 208
Cerceris quadrifasciata 206, 207
Cerceris quinquefasciata 206, 207
Cerceris rubida 210
Cerceris ruficornis 4, 208, 211
Cerceris rybyensis 208, 209, 210
Cerceris sabulosa 210, 211
Chalybion bengalense 20, 21
Chalybion femoratum 20
Crabro alpinus 156
Crabro cribrarius 4, 152, 153
Crabro ingricus 156
Crabro lapponicus 156
Crabro loewi 156
Crabro peltarius 154, 155
Crabro peltatus 156
Crabro scutellatus 156, 157
Crossocerus acanthophorus 150
Crossocerus annulipes 134, 135
Crossocerus assimilis 150
Crossocerus barbipes 150
Crossocerus binotatus 136, 137
Crossocerus capitosus 136, 137
Crossocerus cetratus 138, 139
Crossocerus cinxius 150
Crossocerus congener 150
Crossocerus denticoxa 150
Crossocerus denticrus 150
Crossocerus dimidiatus 138, 139
Crossocerus distinguendus 140, 141
Crossocerus elongatulus 140, 141
Crossocerus exiguus 150

Crossocerus heydeni 150
Crossocerus leucostoma 150, 151
Crossocerus megacephalus 142, 143
Crossocerus nigritus 142, 143
Crossocerus ovalis 150
Crossocerus palmipes 144, 145
Crossocerus podagricus 144, 145
Crossocerus pullulus 150
Crossocerus quadrimaculatus 146, 147
Crossocerus styrius 150
Crossocerus tarsatus 150
Crossocerus vagabundus 148, 149
Crossocerus varus 150, 151
Crossocerus walkeri 150
Crossocerus wesmaeli 150

Didineis lunicornis 178, 179
Dinetus pictus 88, 89
Diodontus handlirschi 60
Diodontus insidiosus 60
Diodontus luperus 60
Diodontus major 60
Diodontus medius 60
Diodontus minutus 58, 59, 60
Diodontus tristis 60, 61
Dolichurus bicolor 18
Dolichurus corniculus 18, 19
Dryudella femoralis 86
Dryudella freygessneri 86
Dryudella pinguis 86, 87
Dryudella stigma 86, 87
Dryudella tricolor 86

Ectemnius borealis 166
Ectemnius cavifrons 158, 159
Ectemnius cephalotes 166, 169
Ectemnius confinis 166
Ectemnius continuus punctatus 160, 161
Ectemnius dives 160, 161
Ectemnius fossorius 168
Ectemnius guttatus 168
Ectemnius lapidarius 162, 163
Ectemnius lituratus 164, 165
Ectemnius meridionalis 168
Ectemnius nigritarsus 168
Ectemnius rubicola 166, 167
Ectemnius ruficornis 168, 169
Ectemnius rugifer 168
Ectemnius schletteri 168
Ectemnius sexcinctus 168
Ectemnius spinipes 168
Entomognathus brevis 122, 123
Entomognathus dentifer 122

Gorytes albidulus 196
Gorytes fallax 196, 197
Gorytes laticinctus 182, 192, 193
Gorytes nigrifacies 196
Gorytes planifrons 196
Gorytes pleuripunctatus 196
Gorytes quadrifasciatus 180, 192, 193
Gorytes quinquecinctus 194, 195, 197
Gorytes quinquefasciatus 194, 195
Gorytes schletteri 196, 197
Gorytes sulcifrons 196

Harpactus affinis 190
Harpactus elegans 186, 187
Harpactus exiguus 190
Harpactus formosus 188, 189
Harpactus laevis 188, 189
Harpactus lunatus 180, 190, 191
Harpactus moravicus 190
Harpactus tumidus 190, 191
Hoplisoides latifrons 196
Hoplisoides punctuosus 182, 196

Isodontia mexicana 10, 28, 29

Larra anathema 90, 91
Lestica alata 170, 171
Lestica clypeata 172, 173
Lestica subterranea 174, 175

Lestiphorus bicinctus 196
Lestiphorus bilunulatus 196
Lindenius albilabris 124, 125, 129
Lindenius mesopleuralis 128
Lindenius panzeri 126, 127
Lindenius parkanensis 128
Lindenius pygmaeus armatus 128, 129
Lindenius subaeneus 128
Liris niger 90, 91

Mellinus arvensis 176, 177
Mellinus crabroneus 176
Mimesa bicolor 46, 47
Mimesa bruxellensis 46
Mimesa crassipes 46
Mimesa equestris 44, 45
Mimesa lutaria 46, 47
Mimesa tenuis 46
Mimumesa atratina 48, 49
Mimumesa beaumonti 50
Mimumesa dahlbomi 50, 51
Mimumesa littoralis 50
Mimumesa sibiricana 50
Mimumesa spooneri 50
Mimumesa unicolor 49, 50
Mimumesa wuestnei 50
Miscophus ater 102, 103
Miscophus bicolor 102, 103
Miscophus concolor 104, 105
Miscophus eatoni 104
Miscophus niger 104, 105
Miscophus postumus 104
Miscophus spurius 104

Nitela borealis 106
Nitela fallax 106
Nitela lucens 106
Nitela spinolae 106, 107
Nitela truncata 106, 107
Nysson dimidiatus 182
Nysson distinguendus 180, 181
Nysson fulvipes 182
Nysson ganglbaueri 182
Nysson hrubanti 182
Nysson interruptus 182
Nysson maculosus 180, 181, 183
Nysson mimulus 182
Nysson niger 182, 183
Nysson spinosus 182
Nysson tridens 182
Nysson trimaculatus 182
Nysson variabilis 182

Oryttus concinnus 196
Oxybelus argentatus 114, 115
Oxybelus bipunctatus 116, 117
Oxybelus dissectus 120
Oxybelus haemorrhoidalis 118, 119
Oxybelus latidens 120
Oxybelus latro 120
Oxybelus lineatus 120
Oxybelus mandibularis 120, 121
Oxybelus mucronatus 120
Oxybelus quattuordecimnotatus 120
Oxybelus trispinosus 118, 119
Oxybelus uniglumis 120, 121
Oxybelus variegatus 120

Palarus variegatus 100, 101
Passaloecus borealis 72
Passaloecus brevilabris 72, 73
Passaloecus clypealis 72
Passaloecus corniger 4, 68, 69
Passaloecus eremita 70, 71
Passaloecus gracilis 72
Passaloecus insignis 70, 71
Passaloecus monilicornis 72
Passaloecus pictus 72
Passaloecus singularis 72, 73
Passaloecus turionum 72
Passaloecus vandeli 72
Pemphredon austriaca 66
Pemphredon baltica 66
Pemphredon beaumonti 66
Pemphredon clypealis 66, 67
Pemphredon enslini 66

Pemphredon fabricii 66
Pemphredon inornata 66
Pemphredon lethifer 62, 63
Pemphredon lugens 64, 65
Pemphredon lugubris 64, 65
Pemphredon montana 66
Pemphredon morio 66
Pemphredon mortifer 66
Pemphredon podagrica 66
Pemphredon rugifer 63, 66
Pemphredon wesmaeli 66, 67
Philanthus coronatus 202
Philanthus triangulum 202, 203
Philanthus venustus 202
Pison atrum 112
Podalonia affinis 4, 32, 33, 34
Podalonia alpina 34
Podalonia hirsuta 34, 35
Podalonia luffi 34, 35
Polemistus abnormis 72
Prionyx kirbii 30, 31
Psen ater 52, 53
Psen exaratus 52
Psenulus brevitarsis 56
Psenulus concolor 54, 55
Psenulus fulvicornis 56
Psenulus fuscipennis 56, 57
Psenulus laevigatus 56
Psenulus meridionalis 56
Psenulus pallipes 55, 56
Psenulus schencki 56

Rhopalum austriacum 132
Rhopalum beaumonti 132
Rhopalum clavipes 130, 131
Rhopalum coarctatum 132, 133
Rhopalum gracile 132, 133

Sceliphron caementarium 10, 24, 25
Sceliphron curvatum 9, 22, 23
Sceliphron destillatorium 10, 24, 25
Sceliphron spirifex 24
Solierella compedita 100, 101
Sphex funerarius 26, 27
Spilomena beata 78
Spilomena curruca 78, 79
Spilomena differens 78
Spilomena enslini 76, 77
Spilomena mocsaryi 78
Spilomena punctatissima 78
Spilomena troglodytes 76, 77, 79
Spilomena valkeila 78
Stigmus pendulus 74, 75
Stigmus solskyi 74, 75

Tachysphex austriacus 98
Tachysphex brullii 98
Tachysphex consocius 98
Tachysphex fugax 98
Tachysphex fulvitarsis 98
Tachysphex helveticus 98
Tachysphex nitidus 98
Tachysphex obscuripennis 94, 95
Tachysphex panzeri 98, 99
Tachysphex pompiliformis 96, 97
Tachysphex psammobius 96
Tachysphex tarsinus 98
Tachysphex unicolor 98, 99
Tachytes etruscus 92
Tachytes obsoletus 92
Tachytes panzeri 92, 93, 182
Tracheliodes curvitarsus 174
Trypoxylon attenuatum 108, 109
Trypoxylon beaumonti 108
Trypoxylon clavicerum 112, 113
Trypoxylon deceptorium 108
Trypoxylon figulus 110, 111
Trypoxylon fronticorne 112
Trypoxylon kolazyi 112
Trypoxylon kostylevi 112, 113
Trypoxylon medium 110
Trypoxylon minus 110
Trypoxylon scutatum 112